読んでおいしい韓食

読んでおいしい韓食

2012年5月 1版1刷発行
2017年12月 2版1刷発行

発行人 林相伯
発行所 翰林出版社

住所 韓国ソウル市鐘路区鐘路12道15
登録 1963年1月18日 第300ー1963ー1号
電話 02-735-7551~4 **ファックス** 02-730-5149
電子 メール info@hollym.co.kr **ホームページ** www.hollym.co.kr

ISBN 978-89-7094-624-5 13590

読んでおいしい韓食

by KOREAN FOOD PROMOTION INSTITUTE

Hollym

発刊にあたって

ノーベル文学賞を受賞したインドの詩人タゴールは、彼の詩の中で韓国を「東方の明るい光」と謳っています。これは、韓国のきらびやかな文化と柔軟で礼儀正しい民族性を賛美したものです。

韓国ははっきりとした四季をもつ、多様な食材に恵まれた国です。5千年という長い歴史の中で作り上げられた韓食は、韓国ならではの特色と趣が余すところなく伝えられた伝統料理です。そのため料理の一つ一つに、その料理が生まれてから今日に至るまでの様々なエピソードがぎゅっとつまっています。

韓食に使われる重要な調味料にジャン（醤）があります。ジャンは通気性に優れた瓶（ジャンドック）で保存され、長い発酵過程を経て作られる人体に有益な発酵食品です。アルビン・トフラーも著書『第3の波』で、第1の味を「塩」、第2の味を「ソース」、第3の味を「発酵の味」と書いています。また、韓国の代表的な発酵食品であるキムチは、アメリカの健康専門月刊誌『ヘルス』の2006年3月号で、世界の5大健康食品の一つに選ばれています。

本書『読んでおいしい韓食』では、韓国の食文化とともに、数多くの韓国料理の中でも世界に誇れる料理を厳選し、料理が生まれた背景や味、機能性などをまとめています。そのどれもが、かつて王室から庶民までのあらゆる階層の人々に愛され、今も韓流ブームをリードするK-POPスターを始め、現代の韓国人に愛され続けている、代表的な韓国料理です。
本書を通じて、世界中の多くの方々に韓国の食文化についてより深く理解していただけることを願いながら、発刊のご挨拶とさせていただきます。

KFPI 한식진흥원
KOREAN FOOD PROMOTION INSTITUTE

読んでおいしい韓食

010 韓国の食文化
234 索引

016

パッとチュッ
ご飯, お粥

018 パッ
[白飯]
020 トルソッパッ
[釜飯]
022 ピビムパッ
[混ぜご飯]
026 キムパッ
[韓国式のり巻き]
028 サムパッ
[葉野菜包みご飯]
030 キムチポックムパッ
[キムチチャーハン]
032 プルコギトッパッ
[プルコギ丼]
034 オジンオトッパッ
[甘辛いか炒め丼]
036 コンナムルクッパッ
[豆もやしのスープご飯]
038 チャッチュッ
[松の実のお粥]
040 ホバッチュッ
[かぼちゃのお粥]
042 チョンボッチュッ
[あわびのお粥]

クッスとミョン
麺

046 ムルネンミョン
[水冷麺]

048 ピビムネンミョン
[甘辛混ぜ冷麺]

050 チャンチクッス
[韓国式にゅうめん]

052 ピビムクッス
[甘辛混ぜそうめん]

054 チェンバンクッス
[大皿辛味そば]

056 カルクッス
[韓国式うどん]

058 マンドゥ
[韓国式餃子]

クッとタン
汁, スープ

062 テンジャンクッ
[韓国式みそ汁]

064 ミヨックッ
[わかめスープ]

066 プゴクッ
[干しスケトウダラのスープ]

068 ユッケジャン
[牛肉と野菜の辛口スープ]

070 トックッ
[韓国式お雑煮]

072 カルビタン
[カルビの煮込みスープ]

074 コムタン
[牛肉の煮込みスープ]

076 ソルロンタン
[牛骨肉の煮込みスープ]

078 サムゲタン
[参鶏湯]

080 メウンタン
[魚の辛味鍋]

082 カムジャタン
[豚背骨肉とじゃがいも鍋]

チゲとチョンゴル
鍋, 寄せ鍋

086 テンジャンチゲ
[みそ鍋]

088 キムチチゲ
[キムチ鍋]

090 チョングッチャンチゲ
[納豆みそ鍋]

092 スンドゥブチゲ
[おぼろ豆腐の辛味鍋]

094 プデチゲ
[ソーセージの辛味鍋]

096 シンソルロ
[神仙炉鍋]

098 コッチャンチョンゴル
[牛もつ辛味鍋]

100 クッスチョンゴル
[麺入り寄せ鍋]

102 トゥブチョンゴル
[豆腐の寄せ鍋]

104 マンドゥチョンゴル
[餃子の寄せ鍋]

106 プルナッチョンゴル
[牛肉とたこの寄せ鍋]

チム, チョリム, ポックム
蒸し物, 煮物, 煮付け, 炒め物

110 カルビチム [牛カルビの煮込み]
112 タッメウンチム [鶏肉の辛味炒め煮]
114 タッペッスッ [鶏肉の水炊き]
116 ポッサム [ゆで豚肉]
118 チョッパル [豚肉のしょうゆ煮]
120 アグィチム [あんこうの辛味蒸し煮]
122 ヘムルチム [海鮮の辛味蒸し煮]
124 カルチチョリム [太刀魚の煮付け]
126 コドゥンオチョリム [さばの煮付け]
128 ウンテグチョリム [銀だらの煮付け]
130 トゥブチョリム [豆腐の煮付け]
132 トゥブキムチ [豆腐キムチ]
134 トッポッキ [もちの甘辛煮]
136 ナッチポックム [たこの甘辛炒め]
138 オジンオポックム [いか甘辛炒め]
140 チェユッポックム [豚肉甘辛炒め]

ナムル
ナムル

144 ナムル [ナムル]
146 クジョルパン [8種のクレープ包み]
148 トトリムッ [どんぐりこんにゃくの和え物]
150 オイソン [飾りきゅうりの甘酢がけ]
152 チャッチェ [野菜と春雨の炒め物]
154 タンピョンチェ [ところてんの和え物]
156 ヘパリネンチェ [クラゲの冷菜]

クイとチョン
焼き物, チヂミ

160 ソカルビクイ [牛カルビ焼き]
162 トッカルビ [粗挽きカルビ焼き]
164 テジカルビクイ [豚カルビ焼き]
166 プルコギ [韓国式すき焼き]
168 トゥッペギプルコギ [土鍋プルコギ]
170 セゴギピョンチェ [牛ローススライス]
172 サムギョッサルクイ [豚の三枚肉焼き]
174 センソンクイ [焼き魚]
176 ファンテクイ [スケトウダラの辛味焼き]
178 チュンチョンタッカルビ [鶏肉の辛味鉄板焼き]
180 コッチャンクイ [牛もつ焼き]
182 オリクイ [鴨肉焼き]
184 トドックイ [つるにんじんの辛味焼き]
186 パチョン [ねぎのチヂミ]
188 ピンデトッ [緑豆のチヂミ]
190 キムチチョン [キムチのチヂミ]
192 モドゥムチョン [チヂミの盛り合わせ]

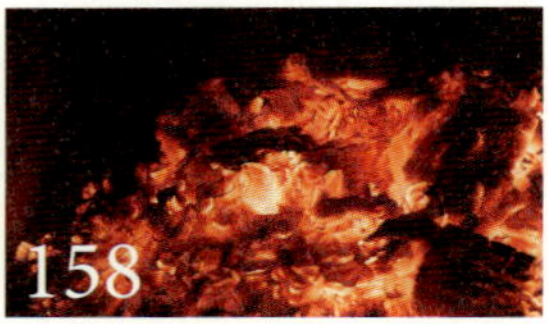

フェ
刺身

196 センソンフェ
[魚の刺身]

198 ユッフェ
[ユッケ]

200 ホンオフェ
[えいの刺身]

キムチ、チャンアチ、チョッカル
キムチ, 漬物, 塩辛

204 ペチュキムチ
[白菜キムチ]

206 ペッキムチ
[白キムチ]

208 ナバッキムチ
[大根と白菜の水キムチ]

210 カットゥギ
[角切り大根キムチ]

212 オイソバギ
[きゅうりキムチ]

214 チャンアチ
[漬物]

216 チョッカル
[塩辛]

218 カンジャンケジャン
[かにの醤油漬け]

トッ, ウムニョ, チャ
餅, 飲み物・茶

222 トッ
[餅]

224 ハングァ
[韓菓]

226 チャ
[茶]

230 ウムニョ
[飲み物]

232 マッコリ
[韓国の樽酒]

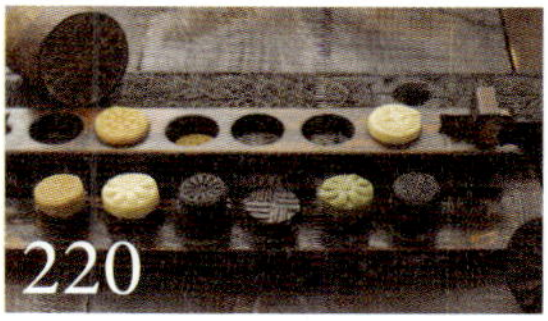

全ての料理を一つの食卓に

複数の味を吟味し、バランス良く栄養が取れる膳

韓食は全ての料理を一度に食卓に並べる。西洋では時間を置いて順番に料理を食べていくが、韓国では全ての料理を同じ空間に置いて一緒に食べるのが原則であるためだ。このようにご飯とおかずを同時に食卓に並べることを「パンサンチャリム（膳ごしらえ）」という。
膳の種類は場合によって異なるが、ご飯とおかずを一度に並べるという基本概念は変わらない。主食であるご飯と副食であるおかずの調和で栄養のバランスを取るのが韓食の特徴だ。

同じ材料でも、異なる調理法で生み出される変化

韓食は多様な調理法で、常に味に変化をもたらしている。材料は同じでも、調理法が重複することはめったにない。ご飯ひとつをとっても米だけで炊く白飯、数種類の穀物を混ぜて炊く雑穀ご飯、野菜や魚介類を入れて炊く炊き込みご飯など、その種類は非常に幅広い。米と小麦粉を使って料理する主食だけでも350種類を超え、様々な野菜や魚介類、肉などを使って料理する副食はおよそ1500種類にのぼる。
材料の状態や季節の変化に合わせて、うまく応用して作るのが韓食の知恵だ。

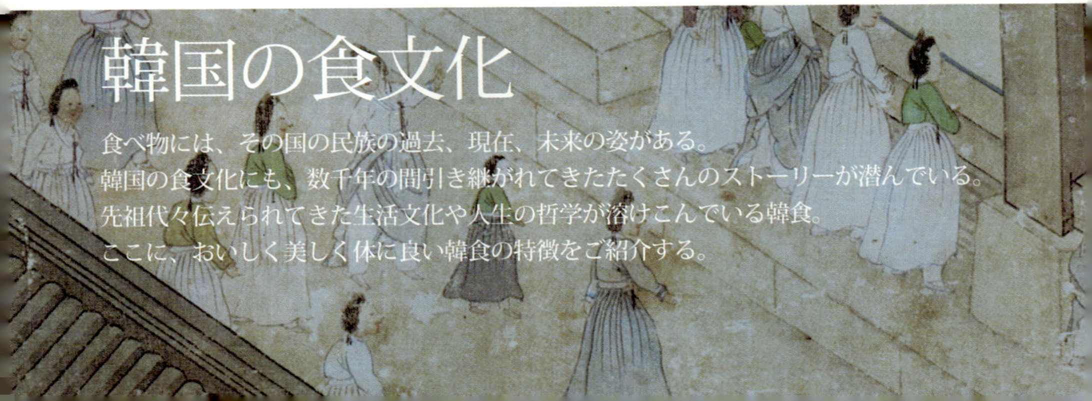

韓国の食文化
食べ物には、その国の民族の過去、現在、未来の姿がある。
韓国の食文化にも、数千年の間引き継がれてきたたくさんのストーリーが潜んでいる。
先祖代々伝えられてきた生活文化や人生の哲学が溶けこんでいる韓食。
ここに、おいしく美しく体に良い韓食の特徴をご紹介する。

発酵食品で健康と栄養を同時にカバー

韓食の基礎であり骨格となるジャンとキムチ

韓食の代表的な発酵食品はジャン(醤)とキムチだ。ジャンは加工から保存までの過程で、原料となる豆の分解、発酵、熟成を経てコクと深みが出る。韓食の味は、これらカンジャン(韓国醤油)、テンジャン(韓国味噌)、コチュジャン(唐辛子味噌)を基本に作られる。ジャンは優れたタンパク質の供給源であるとともに、保存性に優れた食品である。抗がん効果があり、高血圧にも効果的だ。キムチは白菜や大根を主材料として、ほとんど全ての野菜類、薬味類、塩辛類が使われる。キムチは発酵しながら熟成を重ね独特の風味を生むが、これは時間をかけて自然が生み出す純粋な味だ。

世界中の人々を魅了する韓国の発酵食品

ジャンは栄養バランスを保つのに大きく役立つ食品だ。タンパク質を多く含む豆が主材料であるため、ジャンを使うおかずは肉類に劣らないほどの栄養食に生まれ変わり、タンパク質の分解過程で生まれるアミノ酸は旨みのもととなる。また、ジャンに含まれる微生物は、体内で吸収されると腸をきれいにして酸化を抑制する働きをする。

ジャンは全て、酵素が息づく「現在進行形」の食品だ。また、キムチも豊富な食物繊維と乳酸菌を含む健康食品で、四季折々の味が世界中の人々を魅了している。

ふんだんに取り入れられる自然の旬の素材

季節の変化をふんだんに取り入れた料理

韓国は三方を海に囲まれているため、季節がはっきりしている。山が多く、季節ごとに様々な薬草や山菜が採れる。豊富な食材をそろえる上で、最適の環境が整っているのだ。

そのため、韓国人は昔からソルナル（旧正月：陰暦１月１日）やチュソッ（秋夕：中秋、陰暦の8月15日）などの祝日に用意する祭祀用の食膳や、年が明けて最初の満月が昇る小正月に食べる五穀ご飯と干し野菜のナムル、１年で最も夜が長い冬至に食べる小豆粥など、季節ごとに一番おいしい材料を使って多様な調理法を生み出してきた。

地域の特色に合わせて発達した食文化

郷土料理はその土地の地理や気候的な特性を生かした料理で、その土地でのみ受け継がれてきた固有の調理法で作られる。どんな伝統料理よりも価値のある無形遺産といってもよい。島、海辺、山里、平野、内陸地方、寒い地域や暖かい地域など、それぞれの土地で長い間伝えられてきた年中行事や伝統文化、生活文化などが溶けこんだ地元の料理を通じて、韓食の多彩な姿をうかがい知ることができる。

ヤンニョムとコミョンに秘められた味と彩りと栄養

医食同源

韓食では料理の味付けに様々な天然の調味料を使う。ヤンニョム（薬味）とコミョン（薬味を兼ねた飾りつけ）が代表的だ。

韓食では「医食同源」という概念に基づいて、材料を配合し調味料の使い方を決める。すなわち「食べ物は薬になる」ということだ。唐辛子、ニンニク、ネギ、ショウガなどの薬味は料理の味を引き立てもするが、体に良い食品でもある。「ヤンニョム」は漢字で「薬念」と書き、これは様々な調味料を用いるとき、「体に良い薬となることを念頭に置く」という意味を含んでいる。

自然の哲学と宇宙の色を表すコミョン

韓食には飾り付けのコミョンが頻繁に使われる。コミョンには韓国人が昔から宇宙を表す色と信じてきた五方色（白、黒、緑、赤、黄）が用いられる。

クジョルパンとシンソルロは五方色をひと目で楽しめる料理であり、チャッチェやタンピョンチェは五つの色を混ぜた料理だ。天然の材料を用いた色素やコミョンには、料理をこしらえる人の真心が表れている。自然の哲学と宇宙の色を表すコミョンは、味と彩りと栄養を兼ね備えた韓食の必須要素だ。

厳格な食事作法、発達した食器文化

汁碗と茶碗、匙と箸

食卓に料理を並べるとき、ご飯は左、汁物は右に置く。匙と箸は交互に使うが、片手で二つを同時に握ったり、両手で同時に使うことはない。匙は主にクク、チゲ、タンなどの汁物を食べる時に使い、箸は材料が小さく切り分けられているおかずを食べる時に使う。

食事の際は、目上の人が最初に匙か箸を取ってから、目下の人がその後に続くのが韓国でのテーブルマナーだ。匙と箸にも陰陽の調和があり、匙は陽、箸は陰を象徴している。

食膳の美学

韓食の食膳の規模は「楪(チョプ)」と呼ばれるおかずを入れる器の数で分けられる。３楪、５楪、７楪、９楪、そして宮廷で王に献上する12楪がある。ご飯、汁物、キムチ、チゲ、小皿に入れた醤油やチョジャン(唐辛子酢味噌)などは楪の数に入れない。そのため、韓食は一番簡素な３楪膳でもナムル、焼き物、漬物などが含まれ、多彩な料理を十分に楽しめる構成になっている。

良い食膳とはおかずの数ではなく、どれほど愛情と真心のこもった料理が並ぶかである。

鍮器と陶磁器に込められた芸術の心

真鍮で作られたユギ（鍮器）はノックルッと呼ばれ、銅とスズを4：1の割合で溶かし、打ち出して作るユギはパンッチャと呼ばれる。オンギ（甕器：陶磁器）は土をこねて作った皿に釉薬を塗って、高温で焼いた器だ。目に見えない小さな穴から空気が出入りし、食べ物を新鮮な状態で保存できるため、醤油、味噌、コチュジャン、キムチなどの発酵食品の保存に適している。韓国人はユギとオンギで食べ物を貯蔵してきた。また、食事の度にこの美しい器に料理を盛って膳をこしらえた。

小盤の伝統と文化

ソバン（小盤）は料理を並べるお膳のこと。韓国ではもともと一人ずつ別々に膳立てするのが一般的だ。ソバンは材質と脚の形によって様々な名前で呼ばれる。ケヤキで作ったものはクェモクバン（槐木盤）、イチョウの木で作られたものはヘンジャバン（杏子盤）である。脚を犬の脚のように曲げて作ったものはケダリバン、脚が三本のものは三足盤と呼ばれた。

材質や形、地域や時代によって様々な名前で呼ばれたソバンは、韓食文化の味わいの一つであった。

パッとチュッ
[ご飯. お粥]

昔から韓国人はパッ（ご飯）を食べて元気を付け、
「ご飯は薬」と信じてきた。
食事の時間に親しい人に会うと、
必ず「 食事はしたのか」と親しみを込めて聞くのもこのためだ。
パッと並んで韓食の基本となるチュッ（お粥）は、
乳離れした子が初めて口にする料理。
病気にかかったり元気がない時にも食べる料理だ。

韓国人の主食

パッ

[白飯]

パッ（ご飯）は基本的に米だけで炊くが、他にも小豆などの豆類を入れた雑穀ご飯や、ジャガイモやサツマイモなどを入れた根菜ご飯、カキやイガイなどを入れた海鮮ご飯などがある。味の決め手は火加減だ。古くなった米や質の低い米でも、韓国人の手にかかれば火加減次第でいくらでもおいしいご飯になる。

ご飯の味が決めるおかずの味

韓食においてご飯とおかずは切っても切れない関係にある。いくらおいしいおかずでも、ご飯と一緒に食べてこそ味が完成する。ご飯の味がおかずの味を完成させることはできても、おかずの味がご飯の味を完成させることはできないのだ。ご飯がおいしければ、おかずなしでも食べられるが、おかずがおいしいからご飯なしでも食べられるという人はいない。料理を一皿ずつ順に食べる西洋と異なり、韓国でご飯とおかずを同時に食卓に並べるのはこのためだ。一度に何種類もの料理を口に入れて、どうやって味を区別して個々の味を楽しむのかと西洋人は不思議がるが、様々な味の調和を心ゆくまで楽しむのが韓食なのである。

生活習慣病予防と老化抑制効果

米には炭水化物とタンパク質が多く含まれるが、脂肪は小麦粉の約３分の１と少なく、肥満予防に効果的な食物だ。パンやジャガイモを食べると血糖値は急激に上昇するが、ご飯を食べた場合はゆるやかに上昇する。

米に含まれるペプチドは血圧の上昇を抑え、ビタミンＥ、ヨウ酸、トコトリエノールといった強力な抗酸化剤が細胞の老化を抑制する。柔らかくて旨みがあり、消化に良い白飯は韓食の基本だ。

米からもみ殻だけを取った玄米ご飯には、大切な栄養成分が多く含まれ、健康食としても人気が高い。小豆のような豆類や野菜などが入った雑穀ご飯も、味と健康のバランスの取れた栄養食として支持されている。

ご飯のおいしい炊き方

つやがあり、柔らかく、香ばしいご飯がおいしいとされるのは今も昔も同じだ。清（1636～1912、中国最後の王朝）の人々は「飯を炊く時は弱火で水を少なめにするのが道理に合ったやり方だが、釜の米にまんべんなく火が通りふっくらとつやのあるご飯を炊き上げるのが朝鮮の人々」と、韓国のご飯を褒め称えている。ご飯とおかずからなる固有の食文化のためか、朝鮮王朝時代（1392～1910、朝鮮半島最後の王朝）の文献には、おいしいご飯の炊き方のコツが所々に登場する。

アツアツのおこげを楽しむ

トルソッパッ

[釜飯]

トルソッパッは石釜に米を入れ、銀杏、松の実、シイタケ、豆、野菜などを加えたものを火にかけて炊き上げる。つやつや輝く炊きたてのご飯がその場で食べられるため、昔から大切な客をもてなす際に出された。一家の年長者に特別な料理をこしらえる時にも、このトルソッパッが炊かれた。

小さな石釜で1人前ずつもてなすごちそう

トルソッパッは、かつて宮中で大切な客をもてなすために初めて作られたという説もあれば、朝鮮王朝時代に宮廷から俗離山(ソンニサン)の法住寺(ポプチュサ)に供養に参った際、手近な材料を入れて石釜で炊いたことに由来するという説もある。宮中ではコットルソッ(蝋石で作られた小さな釜)に炭で炊いたご飯が、王と王妃の食膳に上った。

これは大きな真鍮の火鉢に堅炭で火を起こし、長く平たい鉄の棒を2本かけた上にコットルソッをのせ、沸かした湯に米を加えて炊かれた。ゆっくり蒸らして出来上がったご飯は、口の中でとろけるように優しい味わいだったと伝えられている。食膳には常に白飯と赤飯が並べられ、その量は二つ合わせてぴったり2杯分だったという。トルソッパッはそれほど真心のこもった、大切な人のために炊かれたご飯なのである。

トルソッパッに欠かせないヌルンジ

トルソッパッの楽しみ方は二通りある。その一つが温かいスンニュンだ。

ご飯を取り出して石釜に水を注いでおくと、ご飯を食べ終わる頃には石釜の余熱でヌルンジ(おこげ)がふやけたものが出来上がる。これがスンニュンだ。トルソッパッを食べる際には、仕上げにほどよくふやけたヌルンジにチョッカル(塩辛)やチャンアチ(漬物)をのせて食べなければ、お腹いっぱい食べた気にならないという。スンニュンを楽しむなら、トルソッパッに生臭い食材はなるべく避けたい。栗、ナツメ、豆が一般的だが、スサム(水参:生の高麗人参)を入れてかぐわしい香りを引き出すこともある。トルソッパッにヤンニョムカンジャン(薬味醤油)を混ぜて食べるのも逸品だ。もちもちした触感のご飯にごま油の香ばしい香りが加わって、他におかずが要らないほどだ。

魚介類やキノコなどを入れることが多いが、秋には松茸を入れたソンイトルソッパッ、冬にはカキを入れたクルパッ、イガイを入れたホンハッパッ、千切り大根を入れたムパッがお勧めだ。ヤンニョムカンジャンにヒメラッキョウやヒメニラを加えると、香りもこの上ない。釜の底にこびりついたヌルンジを匙でこそげて食べるのも、忘れてはならないごちそうの一つだ。

世界中の人々に愛される健康食

ピビムパッ

[混ぜご飯]

白飯に色とりどりのナムル、炒めた肉、トゥイガッ（揚げ昆布）などを混ぜて食べるピビムパッは、韓国人と外国人が共に1位に挙げる韓国の代表的な料理。19世紀末以降、様々な文献に登場するようになった。1990年代初めに大韓航空の機内食に初めて採用されると、たちまち世界中の人々を魅了し、今では世界の機内食の中で最も人気の高いメニューの一つとなっている。

祭祀と助け合いの文化が生んだ料理

ピビムパッの由来については三つの説が伝えられる。一つ目は韓国固有の祭祀の風習によって生まれたとされる説だ。食膳にご飯、肉、魚、ナムルなどを供え、真心を尽くして先祖への祭祀を行った後、その料理を子孫が取り分けて食べる。その際、混ぜご飯にして食べたことからピビムパッが生まれたという。

二つ目は大晦日の夜、残り物のある状態で新年を迎えないために、残ったご飯に全てのおかずを混ぜて夜食にした風習からピビムパッが生まれたという説である。

三つ目は畑で食事をした風習から生まれたという説だ。昔から田植えや秋の収穫を隣人同士助け合う、プマシという風習がある。このとき時間と労力を節約するために、持って来た食材をいっぺんに混ぜて、畑で一緒に食べたというもの。

ピビムパッは地方によって様々な特徴があり、有名なものに全州（チョンジュ）ピビムパッと晋州（チンジュ）ピビムパッがある。

よく手入れされた花畑のようなピビムパッ

全州ピビムパッは全州地方の郷土料理だ。コンナムル（大豆モヤシ）ピビムパッとも呼ばれ、30種類以上の食材が用いられる。ヤンジモリ（牛の胸肉）をじっくり煮込んだスープで炊いたご飯と、緑豆でん粉にクチナシで色を付けてゼリー状に固めたファント（黄土）ムッがのっているのが特徴だ。晋州地方の郷土料理である晋州ピビムパッは、手入れの行き届いた花園のように美しいとされ、「コッパッ（花ご飯）」とも呼ばれてきた。みじん切りにしたアサリをごま油で炒め、これに水を加えて煮立てたスープをご飯の上にひと匙かけて、混ぜて食べる。

毎日食べたいホッチェサッパッ

慶尚道（キョンサンド）地方で有名なのがホッチェサッパッだ。祭祀に使う料理を、祭祀もないのに作って食べる「まやかしの祭祀料理」を表す。

いつでもおいしい料理を食べたがったヤンバン（両班：朝鮮王朝時代の上流階級）が、祭祀を行う振りをして度々作って食べたことに由来するという説がある。また、祭祀を行うことのできない貧しい平民が、祭祀料理が食べたいばかりにこれを作って食べたことに由来するという説もある。

山の恵みで作るサンチェピビムパッ、石の温もりで作るトルソッピビムパッ

サンチェ(山菜)ピビムパッは、僧侶が山菜をご飯に混ぜて食べたことに始まると伝えられている。野山でとれた材料を用いて、さっぱりと淡白な味を楽しむ。

熱い石釜で出されるトルソッピビムパッは、パチパチと焼けるおこげの香りと、最後までアツアツのご飯が食べられる点が特徴だ。スペインのパエリアにも似ており、外国人にも人気が高い。

ハリウッドスターの
スタイル維持の秘訣はピビムパッ

韓国を訪れたマイケル・ジャクソン、パリス・ヒルトン、ニコラス・ケイジの共通点は？
答えはピビムパッが大好きだということ。ハリウッドスターのダイエットのノウハウを紹介するテレビ番組で、グウィネス・パルトロウはスリムな体型をキープする秘訣としてピビムパッを挙げた。自身のサイトでもピビムパッの調理法を紹介して話題を集めた。

傷ついた心を
癒してくれるピビムパッ

冷蔵庫のおかずをあるだけ入れ、コチュジャンで混ぜて真っ赤に染まったピビムパッほど心の癒されるものはない。匙でたっぷりすくって一口食べた瞬間、心のわだかまりがすっと溶けていく…。韓国人なら誰もが共感する場面だ。誰かとけんかして怒りが収まらない時やストレスが溜まって元気がない時、一番に思い浮かぶ料理がピビムパッだ。

ニューヨークのタイムズスクエアに
現れたピビムパッの宣伝

2010年秋、アメリカ・ニューヨークのタイムズスクエアにある電光掲示板にピビムパッのＰＲ映像が映し出された。
200人以上が参加した大規模なもので、NANTA（ナンタ）公演、テコンドー、サムルノリ、カンガンスルレ、仮面劇、北青獅子の舞など、韓国の伝統文化を盛り込んだ華やかな色彩の映像に世界中の人々が注目して話題となった。

祭祀をとり行った後、供え物をご飯に混ぜて食べるのは古くから伝わる風習だ。
(敬堂宗宅の不遷位祭祀。「不遷位」とは大きな功績があった人に与えられる神位で、永久に祭祀をとり行うことができる。)

ご飯をきちんと手軽に食べたい時

キムパッ

[韓国式のり巻き]

海苔にご飯を広げ、ホウレンソウ、ニンジン、卵、牛肉などをのせて巻き、一口サイズに切ったものがキムパッだ。日本の海苔巻きにも似ているものの、日本ではご飯に酢、砂糖、塩を混ぜるが、キムパッはご飯をごま油と塩だけで味付けするのが特徴だ。

具材によって名を変えるバラエティー豊かなキムパッ

巻き簾を使って長い棒状に巻くキムパッが流行し始めたのは、1960～1970年代のこと。キムパッは子どもたちが春と秋の遠足に持参する定番メニューだった。遠足の日の朝、お弁当を作っている母親の横からつまんで食べたキムパッの端っこの部分が、子供の頃の一番のごちそうだったという人も多い。1990年代半ば、ソウル市鐘路区恵化洞（チョンノ区ヘファ洞）にできた「鐘路キムパッ」では、キムチやチーズなどをゴマの葉にくるんで、多めのご飯で巻いたキムパッが大ブームになった。キムパッは具材によって、チーズキムパッ、チャムチ（ツナ）キムパッ、キムチキムパッなど、数十種類のメニューに変身するユニークな料理だ。

太っちょばあさんのチュンムキムパッ

忠武（チュンム）キムパッは、白飯を指一本ほどの大きさに巻いたコマキムパッに、おかず代わりにコウイカの和え物と大根キムチをのせて食べる。

昔は交通の便が悪く、旅客船を利用することが多かった。長時間の船旅にうってつけの食べ物がなく、乗客はキムパッを持ち込んで腹ごしらえしていたのだが、具を巻いたキムパッは傷みやすく、腐って食べられないことが多々あった。そこであるおばあさんが、ご飯だけを巻いた海苔巻きと、それとは別に包んだおかずを売り始めた。この商いが大成功を収めたのは言うまでもない。これが今は統営（トンヨン）と名を変えた忠武名物のチュンムキムパッである。

食膳の小さな海、海苔

自然からの最高の贈り物と呼ばれる海苔は、たんぱく質とビタミンを豊富に含む栄養価の高い食品。海苔は長い間、人の手で養殖されてきた。きずが少なく、黒くてつやつやしているものほど良いとされる。

幸福と健康を包んで食べる

サムパッ

[葉野菜包みご飯]

サムパッは青菜の上にご飯とヤンニョムをのせて包んで食べる料理だ。「サム」は「包む」という意味。物を運ぶ時にかばんを使わず、ゆったりとしたポジャギ（風呂敷）で包んで運ぶという独特な文化のある韓国では、料理も包んで食べるものが多い。野菜、山菜、魚介類など、手の平にのるものなら、どんなものでもさっと包んで食べてしまうのが韓国流だ。

手の平にのるものなら何でも包んで食べるのが韓国流

韓国の食卓にはサム野菜がよく並ぶ。カルビやプルコギを食べる時もサム野菜が添えられ、淡白な刺身を食べる時もピリッと辛い唐辛子やニンニクと一緒に包んで食べる。サム野菜を一緒に出さないサムギョッサルの店はない。真夏にチシャ(サンチュ)の値段がはね上がると、サムギョッサルの店の売上げはぐんと落ちる。チシャやゴマの葉で肉を包んで食べることができないため、客足が途絶えるからだ。

生もよし、湯がいてもよし

サムの食材として、もっともよく食べられるのがサム野菜だ。チシャ菜、ゴマの葉、春菊、白菜、ケールなどがそれに当たり、チシャ菜だけでも10種類以上ある。生で食べるには固いキャベツやチョウセンフユアオイのような野菜は、さっと湯がいて食べる。

昆布やワカメのような海藻類も、サムの材料として人気が高い。じっくり茹でた肉をキムチに包んで食べる料理は、タッペッスッと呼ばれる。サムは季節の野菜を用い、調理する過程で栄養分が損なわれないため、ビタミンＡやビタミンＣ、鉄分、カルシウムといった生活習慣病予防に効果的な成分を一度に摂取できる。

華やかさを極めたクンジュン(宮中)サムパッ

韓国の食文化において唯一、礼儀や体面を気づかう必要のない料理がサムパッだ。宮廷に住む王もサムパッを食した。王のサムパッには様々な具材が用意された。牛肉を細切りにして炒めたチャントットギ、マナガツオをコチュジャンの汁で煮しめたピョンオカムジョン、クルマエビの炒め物、みじん切りにした肉にごま油や松の実を加えて炒めたヤッコチュジャンなどが添えられた。

不眠症にはチシャサムパッ

ほろ苦いチシャを食べると眠くなる。これはチシャに含まれるラクチュコピクリンという成分のためだ。

不眠症や黄疸、貧血の治療にも用いられ、体がむくんだり尿が出にくい時、関節がうずいたり血液が濁っている時にも効果的だ。

いちばん手軽なごちそう

キムチポックムパッ

[キムチチャーハン]

ご飯とキムチ。長い歴史を持つこの二つの材料を一緒に炒めた料理が登場したのは、1930年代にフライパンを使うようになってからのこと。細かく切ったキムチとご飯を油で炒めたキムチポックムパッは、フライパンなしには作れない料理だからだ。

ご飯とキムチ、油とフライパン

ポックムパッは、中国のチャーハンと日本のオムライスの流行と共に登場した。

外国から入ってきた炒めご飯の調理法に、韓国の代表的な食べ物であるキムチを組み合わせて作られたのがキムチポックムパッだ。よく漬かって酸味のあるキムチを使うことで油っぽさを感じさせないキムチポックムパッは、おかずなしでも食べられる。韓国人にとってご飯とキムチは最低限の食事だ。ご飯とキムチだけの粗末な食卓に比べ、キムチポックムパッは同じ材料でも、味や見た目から一品料理として扱われる。これこそポックムパッが韓国人に愛される理由だ。

キムチポックムパッの華やかな変身、チョルパンポックムパッ

1990年代初めに一大ブームを巻き起こしたのが、チョルパン（鉄板）ポックムパッだ。ポックムパッの具を好みに合わせて２種類ほど選ぶと、コックが広い鉄板でご飯と具材を程よく炒め、そこにソースをかけて仕上げてくれる。このようなフュージョン・ポックムパッも、たいていの客が具材にキムチを選ぶ。キムチポックムパッをベースに肉や野菜、魚介類などを加えて食べるのが主流なのだ。

韓食の決め手、キムチ

韓食の膳に必ずといっていいほど登場するのがキムチ。主食と副食の境を自由に行き来し、味の決め手ともなる存在だ。キムチはご飯物、汁物、チゲ、鍋、チヂミ、蒸し物、煮物、炒め物などにも大活躍し、多様な料理を生み出す。

1人前のプルコギ

プルコギトッパッ

[プルコギ丼]

ご飯の上にプルコギをのせた料理が、プルコギトッパッだ。一人では食べにくいプルコギも、これなら一品料理として手軽に食べられる。トッパッは日本のどんぶり物にも似た料理だ。簡単に食事をとりたい忙しい都市生活者に人気のメニュー。

プルコギの日常化・大衆化が生んだ料理

肉が貴重だった時代には、肉が食べられるのは人が集まる祝い事や家族で過ごす特別な日くらいだった。この伝統は今も変わらず、韓国ではどの焼肉店でも肉を１人前注文することはできない。サムギョッサルもプルコギも、１人前ずつ注文できるのは追加注文の時だけだ。そんな中、二人以上でないと食べられないプルコギの常識を覆したのがプルコギトッパッだ。

プルコギが一人で食べられる。それも近所の軽食店や大衆食堂で気軽に、忙しい時も手軽に食べられることから、人々にとっても嬉しい料理だ。

新たな飛躍、パッサップルコギトッパッ

プルコギトッパッは、プルコギとそのつゆがしみたご飯を一緒に食べる。だが、肉をこんがりと香ばしく焼いてご飯にのせて食べるパッサップルコギトッパッも格別だ。炒めた肉から出る肉汁をとっておき、その肉汁でご飯を炒め、さらに肉を別に炒めて食感を生かすのが特徴。水気がないため、お弁当のおかずやサンドウィッチの具にも最適だ。肉を串にさせば、おもてなし料理にも早変わりする。

プルコギトッパッの作り方

プルコギトッパッの作り方はいたってシンプルだ。薄切りの牛肉、タマネギ、ご飯があれば準備完了。牛肉400グラムとタマネギ1/2を薄切りにしたものに薬味を入れて揉みこむ。薬味は醤油大さじ５、砂糖大さじ１、水あめ大さじ１、ごま塩小さじ1/2、ごま油小さじ１を混ぜて作る。牛肉とタマネギに薬味を混ぜて30分ほど置き、そこへ水カップ１を加えて煮る。アツアツのご飯にのせれば完成！

甘辛風味のダイエットメニュー

オジンオトッパッ

[甘辛いか炒め丼]

小麦粉ではなく、しっかりご飯を食べたい。そんな時、ジューシーな肉料理を好む男性がよく頼むのがチェユッ（豚肉）トッパッなら、女性がよく頼むのがオジンオ（イカ）トッパッだ。ボリュームたっぷりでも太る心配のいらない、嬉しい一品。

キャベツと一緒に炒めれば相性抜群

プリプリした歯ごたえのイカは、肉より豊富なタンパク質を含みながらカロリーは低い。イカにキャベツ、タマネギ、ニンジンなどの野菜をたっぷり加えて炒めるオジンオポックムは、酸性食品のイカとアルカリ性食品の野菜との相性が抜群の一品。イカとキャベツの組み合わせはダイエットにも効果的だ。その理由は、イカは低脂肪低カロリーの食品である上、キャベツには食物繊維がふんだんに含まれているためだ。脂肪分解作用に優れたカプサイシンをたっぷり含んだ粉唐辛子やコチュジャンで炒めれば、効果も倍増する。

イカと豚ばら肉のランデブー、オサムプルコギ

オジンオポックムだけではなんだか物足りない。かといって、チェユットッパッは油っぽくて気がすすまない…。そんな時にお勧めなのがオサムプルコギ。イカ(オジンオ)と豚ばら肉(サムギョッサル)を薬味で味付けして炒めた料理だ。ジャージャー麺を食べると、ちゃんぽんが食べたくなる。ちゃんぽんを食べるとジャージャー麺が食べたくなるという人は、イカと豚肉の間でも悩みがちなはず。そんな時にもってこいのメニューがオサムプルコギだ。

ダイエットに効くコチュ茶

料理にコチュ(唐辛子)をたっぷり入れると、カロリーが10〜20%ダウンする効果がある。
ここへコチュ茶を添えれば完璧だ。麦茶や緑茶、紅茶などを入れ、そこへ乾燥した唐辛子を2〜3本加えて3分ほど煮る。それを冷蔵庫に保管しておき、好きな時に飲む。

二日酔いで疲れた胃に

コンナムルクッパッ

[豆もやしのスープご飯]

嫁いだばかりの新妻が最初に作るスープ、料理の下手なシングルでも簡単に作れるスープがコンナムルクッだ。水、コンナムル（大豆モヤシ）、塩、ネギさえあれば誰でも手軽に作れる。だが、本当においしく作ろうと思うと一番難しいスープも、このコンナムルクッだ。
さっぱりとした淡白な味のコンナムルクッは、お酒を飲んだ翌日に最もよく食べられるスープだ。

すっきり爽やかな味わいのスープ

ノクトゥ（緑豆モヤシ）は日本や東南アジアなど世界各国で食べられているが、コンナムル（大豆モヤシ）は韓国で主に食べられている。大豆自体には含まれないビタミンＣが、大豆モヤシには豊富に含まれることはよく知られている。大豆モヤシ一皿には、１日に必要なビタミンＣの半分が含まれている。大豆モヤシにはその他にもアミノ酸の一種であるアスパラギン酸が多く含まれ、アルコールの分解を促す作用がある。「ヘジャンクッ」は酔い覚ましに食べるスープを指す。全州はコンナムルヘジャンクッで有名だが、これは全州の水がおいしいためとされている。

風邪には澄んだコンナムルクッと唐辛子

コンナムルクッにご飯を入れたコンナムルクッに卵を割って入れる店も多いが、食べているうちに黄身が広がってスープが濁ってしまう。

全州では本来、白身だけをそっと流し入れたり、ポーチドエッグ*を添えて出す。愛飲家が口をそろえて語るコンナムルクッの本当の楽しみ方が、モジュだ。マッコリにショウガ、ナツメ、シナモンなどを加えて煮たお酒で、熱いコンナムルクッを食べながらこのモジュを飲むと、発汗が促され酔いが覚めるというもの。だがこれは気分の問題で、実際は体内のアルコール濃度がいっそう高まり、酔いが覚めるのを妨げてしまう。

コンナムルクッの真価が発揮されるのは、風邪をひいた時や疲れた時。韓国では昔からゾクゾクと悪寒がする時には、澄んだコンナムルクッに赤唐辛子の粉をたっぷり入れて食べた。

＊ポーチドエッグは、沸かした湯に卵を割って入れ、黄身が崩れないよう半熟にしたものをいう。

大豆モヤシには脳細胞に酸素の供給を促す成分が含まれており、これが脳への栄養供給を増大し、脳の機能を高めてくれる。

香ばしく豊かな味

チャッチュッ

[松の実のお粥]

噛む暇もなく舌の上ですっととろけるチャッチュッは、消化に良く香りも良いため、子供から大人まで全ての人に好まれる料理だ。香ばしく豊かな味わいも人気の秘密だが、松の実は昔から高価で貴重な食べ物だったため、病人やお年寄りの栄養食として、また大切な客の朝食としてもてなされてきた。

なめらかな口当たりと繊細な香り

宮廷ではポヤッ（補薬：滋養強壮の薬）を飲まない日は、朝食前にチャリチョバン（チャリ早飯）と呼ばれるお粥が食べられた。中でもチャッチュッが最高のお粥だったと伝えられている。チャッチュッについての記録は朝鮮王朝時代の文献にも度々登場するが、いつから食べられていたのかは定かでない。松の実と米の割合は３：１または２：１。松の実のなめらかで繊細な味を生かすため、米も細かく挽いたものが用いられる。チャッチュッは、必ず木べらでかき混ぜながら炊く。ちょっとでもよそ見をすると、たちまち水っぽくなってしまうためだ。途中で塩を入れても水っぽくなってしまうため、塩は必ず食べる直前に入れて味付けをする。

白髪も黒くなるフギムジャチュッ

黒ゴマで炊かれた口当たりのよいフギムジャチュッは、チャッチュッと同じく朝食として好まれた代表的な栄養食だ。宮廷で朝食前に王がよく食べたお粥でもある。

抗酸化効果に優れたビタミンＥとレシチンを豊富に含む黒ゴマは、美容に良いことで知られている。そのためか、黒ゴマともち米で炊いたフギムジャチュッは、外見を磨くことに重きを置いた新羅時代（BC57～AD935、朝鮮半島の古代国家）のファラン（花郎：王や貴族の子弟で構成された青少年の心身修養組織）も好んで食べたと伝えられている。

前菜にもデザートにもぴったりの甘さ

ホバッチュッ

[かぼちゃのお粥]

ズッキーニに似た朝鮮カボチャで作るお粥もあるが、ホバッチュッといえばオレンジ色のカボチャで作るものを指す。ホバッチュッは、すっととろけるような甘さと美しい色が、目にも舌にも美味しい。そのため、食欲をかき立てる前菜や食後のデザートとして人気が高い。

つるごと転がり込む幸運、ホバッ

カボチャが韓国に入ってきたのは、壬辰倭乱（文禄・慶長の役）以降のことだといわれている。
昔は畑ではなく、家の垣根や庭でカボチャを育てた。実、葉、芽が全て食べられ、ホバッナムル、ホバッキムチ、ホバッジョン、ホバッチムなどはおかずとして、ホバットック、ホバッポムボッ（ポムボクはお粥に似た栄養食）、ホバッチュッはおやつとして食べられた。思いがけない幸運に恵まれた時、韓国では「ホバッがつるごと転がり込んできた」という表現が使われる。それほどカボチャは一切捨てるところのない有用な食材だ。ホバッチュッには、体内に吸収されるとビタミンＡに変わるカロチンが多く含まれている。
カボチャは低カロリーでダイエットにも最適だ。ビタミンとミネラルが老化を予防し、食物繊維は便秘を予防するため、美肌を保つのにも効果的だ。韓国では不細工な女性のことを「ホバッみたい」というが、カボチャは美しさに磨きをかけてくれるありがたい食べ物だ。

ホバッチュッの作り方

カボチャでお粥を炊くには、まずカボチャをきれいに洗って鍋に入れ、カボチャがひたひたに浸かるくらいの水を入れてじっくり煮てから、カボチャを取り出ししゃもじで果肉だけをかき出す。そこへもち粉を加えて煮立て、豆を加えて再び煮る。ホバッチュッは口当たりがなめらかで糖分が多く含まれるため、病人やお年寄り向けのお粥としても人気だ。

貝の王様が生むぜいたくな味

チョンボッチュッ

[あわびのお粥]

不老長寿を夢見た秦の始皇帝（BC259～210、中国史上初の中央集権的統一国家・秦を築いた専制君主）が強壮剤としてよく食べたと伝えられるアワビ。もとより貴重な食品であっただけに、皇帝への献上品に必ず入っていたと言う。最近は養殖物のアワビも増えたが、体力の衰えを感じたり家族の中に病人が出たりすると、思い切って準備するのがこのチョンボッチュッだ。

栄養満点の健康食、チョンボッチュッ

ワカメや昆布などの海草を食べて育つアワビは、海の生命力がギュッと詰まった食材。アワビにはタンパク質やビタミンの他にも、カルシウムやリンなどのミネラルが豊富に含まれ、栄養満点の健康食として人気が高い。チョンボッチュッは白米とアワビだけで作られる。白いスープ、しっかりとしたアワビの歯ごたえと共に、香ばしく濃厚な独特の香りが口いっぱいに広がる。

豊かな海を凝縮したわたの味は絶品

朝鮮王朝時代、文官であった丁若銓(チョン・ヤクジョン)はアワビについて、『玆山漁譜*(チャサンオボ)』にこう記している。「身は甘く、生で食べても火を通して食べてもよいが、最も良いのは干し物にして食べる方法だ。内臓は火を通して食べるも良し、塩辛にして食べるも良し」。コリコリとした食感が楽しいアワビの刺身と焼きアワビも、またとないごちそうとして知られる。アワビを殻ごと焼いたり湯がくと、身はやや縮みながらいっそう柔らかくなる。

中でもアワビのわたは香りも濃厚で栄養豊富なため、アワビの味を知っている人なら誰でもわたを食べたがるほど。アワビ粥を炊く時も、わたが入って初めて海の豊かな味わいが生きてくる。様々な野菜と一緒にチョコチュジャン(唐辛子酢味噌)で和えれば、独特な海の香りが口いっぱいに広がる。アワビは昔から貴重な食材であったため、小さく切って粥にすればみんなで食べられるという発想からチョンボッチュッが作られたといわれるほど、その味は絶品だ。

アワビの肝である「わた」を入れることで、チョンボッチュッ特有の香ばしくほろ苦い味わいが引き立つ。

わたを塩漬けにした塩辛は済州島(チェジュド)の特産物。

＊『玆山魚譜』：韓国で最も古い魚類学書。1814年に丁若銓によって書かれた。全羅南道の黒山島(フクサンド)近海に生息する水産生物を採集・調査したもので、155種類の魚類について名称、形態、習性、利用法などが記録されている。

黄色いアワビは天然物、青いアワビは養殖物
アワビは全羅南道の莞島(ワンド)と済州島で多く採れる。
天然物のアワビは一つ一つ海女の手で採取される。
また、天然物は黄みを帯びているのに比べ、養殖物は青みがかっているのが特徴だ。

クッスとミョン
[麺]

韓国には「パッ（ご飯）の代わりにクッス（麺）」という言葉もあるように、
クッスは韓国でもお馴染みの料理だ。
誕生日、還暦、結婚式などのめでたい席で食べるクッスは
「お祝い」の意味が込められた嬉しいごちそう。
また、食欲のない時に気軽に食べられる料理でもある。
様々な具が詰まったマンドゥ（餃子）と、
奥深いスープの世界が広がるネンミョン（冷麺）も、格別の料理だ。

冷たく刺激的な味

ムルネンミョン

[水冷麺]

韓国でよく食べられる料理として冬はプルコギ、夏はネンミョン（冷麺）がよく挙げられる。ムルネンミョン（水冷麺）は、大きく平壌（ピョンヤン）式と咸興（ハムフン）式に分けられる。平壌冷麺はそば粉を多く含み、麺に弾力がないためプツプツと切れやすく、淡白で澄んだスープが特徴だ。咸興冷麺はジャガイモやサツマイモのでん粉を多く含むため、麺にしっかりした歯ごたえがある。スープに酢と辛子を入れて食べるのが本場の楽しみ方だ。

寒い冬、暖かい室内で震えながら食べる冷麺

冷麺といえば暑い夏に食べるものだと思いがちだが、昔は寒い冬の日、土に埋めておいた甕から薄氷を砕いて取り出したトンチミ(水キムチ)に麺を入れたものを、暖かい室内で震えながら食べたという。

いつから冷麺を食べ始めたのかは定かでないが、主原料のそばは高麗時代(918〜1392、朝鮮王朝以前にあった王朝)にモンゴルから伝わったものであることから、北の山間地帯で麺を作って食べ始めたのが起源ではないかとされている。

遠い故郷を懐かしんで作った料理

冷麺は北朝鮮生まれの人々にとって、故郷を思い出させる食べ物だ。冷麺は朝鮮戦争(1950年6月25日、北朝鮮共産軍が南北軍事境界線である38度線の全域にわたって不法侵攻したことで勃発した戦争)の際、北朝鮮を逃れてきた避難民が韓国に定着するようになって大衆化した。故郷を失った人々が、生活のために古里で食べていた料理を作って商売を始めたのだ。そんな背景から、長い歴史を持つ平壌冷麺や咸興冷麺の専門店には、常連客の中にお年寄りの姿が多く見られる。

あっさり味の平壌冷麺、刺激的な味の咸興冷麺

平壌式冷麺には牛やキジ、鶏の肉を煮込んだスープに、すっきりした味わいの白菜キムチやトンチミの汁を混ぜて作ったスープが使われる。飾り付けにピョニュッと呼ばれる蒸した牛肉の薄切り、キュウリの千切り、茹で卵などをのせる。酢や辛子はたくさん入れず、スープのあっさりした味を楽しむ。一方、咸興冷麺は歯ごたえのある麺にぴったりの辛い薬味が入るため、酢や辛子で味にアクセントを加えて楽しむのも一興だ。

舌にからみつくスパイシーな味

ピビムネンミョン

[甘辛混ぜ冷麺]

ひりひりと辛い薬味を混ぜて食べるピビムネンミョンは、刺身がたっぷりのった咸興冷麺が有名だ。北の地方で辛い料理が好まれることは珍しいが、この冷麺だけは別だ。
フェネンミョン（刺身冷麺）は酢と辛子をたっぷり入れ、合間に熱いユッス（肉水：肉を煮だしたスープ）で舌を休ませながら食べるのが本場の食べ方だ。

歯ごたえたっぷりの麺とスパイシーで濃厚な薬味

咸興地方の海では昔からカレイがよく捕れた。捕れたばかりのカレイを切って薬味で和えたものをフェムチムと呼び、これを冷麺にのせたのがフェネンミョンだ。ジャガイモのでん粉で作ったシコシコと噛みごたえのある麺と、辛い味付けのカレイが絶妙な味を生む。朝鮮戦争後、故郷を失った北朝鮮の人々の手によって韓国にも広まった。咸興地方とは風土が異なるため、後にジャガイモのでん粉の代わりに済州島のサツマイモのでん粉を用い、カレイの代わりにエイの刺身をのせて食べるようになった。一時は釜山まで避難し、戦争後ソウルに戻った北朝鮮の人々は、以北道庁（イブクドチョン：韓国から見ていまだ韓国政府の統治下に復帰していない北朝鮮の五道を管轄する行政機構）のあった奨忠洞（チャンチュンドン）近くの五壮洞（オジャンドン）に集まった。そこへ咸興冷麺の店が一つまた一つと現れ始め、今の咸興冷麺通りが出来た。

そば湯とユッス

平壌冷麺と咸興冷麺で大きく異なるのが、そば湯とユッスだ。昔ながらの平壌冷麺にこだわる店は、注文を受けるとすぐに、麺を茹でたそば湯を湯のみに入れて出してくれる。朝鮮戦争後に韓国に残った北朝鮮の人々は、この香ばしいそば湯を飲むために冷麺の店を訪れるほどだ。咸興冷麺専門店では、そば湯の代わりに肉を煮だした熱いユッスが運ばれてくる。スユッ（茹で肉）に焼酎をたしなむお年寄りは、熱いユッスを酒の肴のように飲む。

セッキミ

ピビムネンミョンは、麺の上に蒸した牛肉の薄切りをのせるものと、刺身をのせるものに分かれる。この二つを組み合わせたのがセッキミネンミョンだ。「セッキミ」は「ソクタ（混ぜる）」の北朝鮮訛り。肉と刺身が両方入って、二つの味を一度に楽しめる。

フェネンミョンにはもともとカレイが使われていたが、最近はエイの刺身がよく使われる。

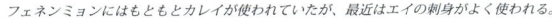

お祝いの日のごちそう

チャンチクッス

[韓国式にゅうめん]

茹でたクッス（麺）に澄まし汁をかけた料理がチャンチクッスだ。今でこそよく食べる身近なメニューだが、昔はめったに食べられない貴重な料理だった。
チャンチクッスがお祝いの日の代表的な料理となった理由には、長い麺が長寿を意味すると信じられたことと、麺が当時は貴重だった小麦粉で作られたことがあった。

結婚式の定番メニュー

チャンチクッスは、昔からお祝い(チャンチ)の日に作るおもてなし料理の代表だった。特に結婚式のある日は必ずクッスが作られ、そこには新郎新婦の絆がいつまでも続くことを願う気持ちが込められていた。韓国では結婚式に出席することを「クッスを食べに行く」と言い、結婚の予定を尋ねる時は「いつクッスを食べさせてくれるのか」と聞くのが長い風習となっている。結婚式でカルビタンを出すのが豪華なもてなしと考えられた時期もあった。肉の消費量が増加し始めた1980年代以降のことだが、最近では再び長寿や祝い事という本来の意味にのっとって、チャンチクッスを出すケースが増えている。

肉のスープから煮干しのスープへ

クッスのスープは、最近は煮干しでだしをとることが多いが、もとは肉でだしをとっていた。肉からだしをとる「チャングッ」は、牛肉の細切れを炒めたところに水を加えて煮出したものを言う。チャンチクッスは喉越しの良さも魅力だが、肉でだしを取ったさっぱりと淡白な味わいのスープがいっそう食欲をそそる。チャングッをかけたクッス(チャングッス)は、五日に一度開かれる市場でクッパッと共に最もよく食べられるスナックフードでもあった。あらかじめ湯がいて束にしておいたクッスに、釜で煮たチャングッをかけて薬味を添えれば、あっという間に何百杯でも作れたためだ。

麺にコシを出す茹で方

麺はその場で湯がかなければ、シコシコした弾力が出ない。大きな鍋や釜にお湯をたっぷり沸かし、麺をほぐしながら入れ、よくかき混ぜながら湯がく。沸騰したら冷水を1杯入れ、しばらく茹でたら麺を冷水で洗う。

チャンチクッスは、上にのせるコミョン(薬味を兼ねた飾り付け)を繊細に仕上げれば、最高級のおもてなし料理にもなればパーティー料理にもなる。

食欲のない日に食べたいピリ辛の味

ピビムクッス

[甘辛混ぜ素麺]

ピビムクッスは、もともと薬味醤油で和えて食べる料理だった。主に宮廷で作られた料理だっただけに、その食材も華やかだ。朝鮮王朝時代に編纂された『東國歳時記*（トングクセシギ）』には「そばに野菜、梨、栗、牛肉、豚肉、ごま油、醤油などを入れて混ぜたものをコルトンミョン（骨董麺）と呼ぶ」という記述があり、現代のピビムクッスの原型が紹介されている。

朝鮮戦争後に食べられ始めたピビムクッス

「骨董」という言葉には「ごたごたした」という意味が含まれている。朝鮮王朝時代に編纂された『是議全書*(シイジョンソ)』には「みじん切りにした牛肉を寝かせてから炒める。モヤシとセリを茹で、ムクを和え、薬味を混ぜた麺を器に盛る。そこへ炒めた肉と粉唐辛子、ごま塩をかけ、チャングッと一緒に食卓に並べる」とある。『東國歳時記』と『是議全書』によると、ピビムクッスは肉や様々な野菜、薬味を和えたこの上ないごちそうだったことが分かる。宮中でしか味わうことのできなかった、この「骨董麺」の主材料はそばだ。小麦で作られた麺は貴重だったため、いくら王室でも簡単には手に入らなかったようだ。現在見られるコチュジャンやキムチを混ぜるピビムクッスは、小麦粉が身近な食品になった朝鮮戦争以降に食べられるようになった。

＊『東國歳時記』：1894年に洪錫謨（ホン・ソンモ）が記した、韓国の年中行事や風習を説明した書。

＊『是議全書』：19世紀末に書かれた料理書。著者は不明。朝鮮王朝時代後期の韓国の伝統料理を分類・整理したもので、ピビムパッという用語が文献上に初めて登場した書として知られている。

夏にもってこいのビビンククス

ビビンククスは夏によく食べられる。トッピングのキュウリは体の熱を冷まし、喉の乾きを潤す働きをする。また、キュウリは利尿作用を助けるため、むくみの解消にも効果的だ。

大皿で食べるからおいしい

チェンバンクッス

[大皿辛味そば]

チェンバンクッスは2〜3人前のマックッス（そば冷麺）を大皿に盛り、色とりどりのコミョンで飾ったもの。マックッスの店で出していたものが人気を呼び、1990年代から流行し始めた。辛い薬味で和えて食べるスタイルは、ピビムクッスとピビムネンミョンの中間といったところだ。

「混ぜる」「分け合う」が大好きな韓国人にぴったり

チェンバンクッスはその名の通りチェンバン(お盆)に盛って食べる麺だが、お皿を使わず、大きくて平たい盆に盛って食べるのがポイントだ。チェンバンクッスの一つ目の特徴は、ピビムクッスの一種だということ。数種類の野菜をたっぷり入れて和えたチェンバンクッスは、何でも混ぜて食べるのが大好きな韓国人の嗜好にぴったりの料理だ。

二つ目の特徴は、一つの料理をみんなで分け合って食べたがる韓国人の心理にぴったりの料理だという点。親しい人たちと和気あいあい分け合って食べられるのがチェンバンクッスなのだ。

ダイエットにうってつけの料理

チェンバンクッスは半分がクッス、半分が野菜と言って良い。チシャ、春菊、キュウリ、ニンジンなどの野菜がふんだんに入っているためだ。茹でた肉や卵も入っているが、メインはやはり豊富な野菜。つまり、お腹いっぱい食べてもカロリーの心配はいらないということ。チェンバンクッスがダイエットにうってつけの料理と言われるのは、このためだ。

麺より野菜を多く選んで食べることもでき、みんなで一緒に食べるから人より少なめに食べても目立たない。こっそりダイエットするのに丁度いいメニューなのだ。

チェンバンクッスの麺の主材料であるそばには、たんぱく質が10~12%含まれている。リジンやトリプトファンのような、穀物に不足がちな必須アミノ酸も含まれており、そばは栄養価の高い優れた食品と言える。

母の手作りの味
カルクッス
[韓国式うどん]

カルクッスは小麦粉をこねて麺棒で薄くのばし、包丁で細く切ったものをスープに入れて煮た料理だ。スープにどんな材料を使うかによって種類、味、品格までもが変わってくるユニークな一品。スープは農村では鶏、海岸地域ではアサリ、山間地域では煮干しでだしをとって作られた。

アツアツのカルクッス、もとは夏の風物詩

昔は小麦粉が貴重だったため、カルクッスも収穫の時期に一度食べられるくらいだった。小麦は旧暦の６月15日頃に収穫されたため、カルクッスは真夏の風物詩だった。カルクッスにジャガイモと朝鮮カボチャが欠かせないのも、その時期の旬の食材がこの二つだったからだ。牛の脚の骨でだしをとったサゴルカルクッス、煮干しでだしをとったミョルチカルクッス、鶏でだしをとったタッカルクッスが３大カルクッスと呼ばれ、他にキノコが入ったポソッカルクッス、アサリが入ったパジラッカルクッスも人気だ。全羅道では茹でた小豆をこしたスープにカルクッスを入れて食べるパッカルクッスがよく食べられた。

安東地方の名物、コンジンクッス

慶尚北道（キョンサンプクト）の安東（アンドン）地方で食べられた夏の名物がコンジンクッスだ。茹でた麺を冷水に浸して「コンジン（すくった）」ものを使ったことから、その名が付いた。礼儀や体裁をとりわけ重んじる安東のヤンバンの家で、客をもてなす際によく作られたと言う。安東は交通が不便なために外部との交流が少なく、土地も痩せていたため裕福な家は稀だった。それでも家に出入りする客をおろそかにするわけにゆかず、そこで作り出したのがコンジンクッスだった。安東のコンジンクッスは、小麦粉と豆粉を３：１の割合で混ぜてこね、障子紙のように薄くのばしたものを細切りの麺にして、アユや牛肉でだしをとったスープで食べる。

大統領も魅了したカルクッス

カルクッスが青瓦台（チョンワデ：韓国の大統領官邸）の食卓に頻繁に上る時期があった。金泳三（キム・ヨンサム）元大統領が就任していた1993～1998年のことだ。大統領のカルクッス好きは相当なもので、行き着けのカルクッス店の店長が自ら青瓦台を訪れて秘訣を伝授し、青瓦台の公式行事にもカルクッスが度々登場したほどだった。

高麗時代に始まるごちそう

マンドゥ

[韓国式餃子]

小麦粉をこねて円形にのばし、肉と野菜を混ぜた具を詰めて作ったマンドゥ（餃子）は、祝い事や祭祀の席に出されたり寒い冬によく食べられた。マンドゥをチャングッに入れて煮たものをマンドゥクッ、蒸したものをチンマンドゥ、冷やしたチャングッに入れたものをピョンスと呼ぶ。

諸葛孔明*の機知から生まれたマンドゥ

マンドゥはもともと中国の食べ物で、諸葛孔明によって誕生したと言われる。南蛮征伐を果たした孔明が、その帰りに瀘水という川でひどい嵐に遭い足止めを食らった。人々の話によると「瀘水には荒神という神が住んでおり、その神が怒っている。49人の首を斬って川に投げれば無事に川を渡れる」と言う。だが、無実の人を殺すわけにはいかないと考えた孔明は、小麦粉で人の頭をかたどり、中に牛と羊の肉を詰めて荒神に捧げた。川はやがて鎮まり、人々は孔明が捧げたその食べ物を「欺瞞する頭」という意味の「饅頭」と呼び始めた。その後このマンドゥが北の方に広がって、今日の中国を代表する食べ物の一つとなり、韓国と日本でも愛されるようになった。

高麗の人々をも熱狂させた味

韓国料理におけるマンドゥの起源をたどっていくと、高麗時代の「霜花店(サンファジョム)」という民謡の存在に行き当たる。

その歌の内容から、当時ウイグル族(中央アジアのトルコ系民族。現在、中国の新疆ウイグル自治区と中央アジアに居住)が高麗でマンドゥを売るサンファジョム(霜花店)を開き、高麗の人々がそれを好んで食べたことが分かるが、ずい分露骨な意味合いになっている。歌詞の内容はこうだ。「ある婦人がマンドゥの店にマンドゥを買いに行ったところ、店の主人であるモンゴル人に手を握られた。このことが噂になるとは、幼い小僧、お前が言ったに違いない。噂が広まれば、他の婦人たちもその寝所へ行きたがるじゃないか。そこは奥まった場所にある、まことに居心地のいい所」。

＊諸葛孔明（諸葛亮、181～234）：三国時代・蜀漢の政治家・戦略家。劉備に仕えて呉の孫権と連合し、曹操の大軍を打ち破った。この戦は「赤壁の戦い」と呼ばれる。

クッとタン
[汁, スープ]

韓国料理の特徴の一つが、スープと具を一緒に食べることである。
固体と液体がひと所に混ざり合っているのが、韓国固有のタン（湯）文化だ。
熱いスープを飲んで「シウォンハダ（涼しい、さっぱりしている）」
と言うのも韓国ならではの表現。
多彩な材料を使って独特な味を引き出すクッとタンは、
韓国料理になくてはならない存在だ。

ヘルシーなオリエンタルソースで作る

テンジャンクッ

[韓国式みそ汁]

テンジャンクッは、テンジャンを水で溶いたところへ肉や魚介類、野菜などを入れて煮たスープだ。栄養豊富なテンジャンとセルロースやビタミンを多く含む野菜が抜群の相性を見せる健康食であり、朝鮮民族の生命を支えてきた食べ物と言える。

長い忍耐の末に味わえる料理

長い歴史と伝統を持つ国には、それぞれに独特の食文化がある。5000年以上の長い歴史を持つ韓国の食文化で欠かせないのが、発酵食品の味噌・テンジャンだ。韓国の人々はテンジャン本来の味を楽しみ、それにまつわる思い出や郷愁を分かち合う。テンジャンはそんな特別な食べ物の一つであると共に、長い試練と苦しみに耐えてきらびやかな文化の花を咲かせた朝鮮民族の気質をよく表している食べ物でもある。

テンジャンは原料の豆を植えて収穫し、メジュ（豆麹）を作って乾燥・熟成させるまでに 1 年の月日がかかる。おいしいテンジャンを作るためには、それだけの努力と執念が必要ということだ。待つという知恵がなければ決して味わえないのがテンジャンなのである。

長寿の秘訣

近年テンジャンが、健康食品である豆の機能性成分を破壊せずに摂取できる食品であるばかりでなく、優れたがん抑制効果があることが分かり、世界中の人々から「オリエンタルヘルシーソース」として注目されている。

韓国で100歳以上のお年寄りを対象にした調査で、94.9％が1日に1食以上テンジャンクッを食べていることが分かった。

誕生日に欠かせない

ミヨックッ

[わかめスープ]

韓国でミヨックッ（ワカメスープ）といえば「誕生日」の象徴だ。子供を産んだ母親が初めて食べるのがこのミヨックッであり、毎年の誕生日に食べる料理でもある。
普段はミヨックッを好まない人でも、誕生日には必ずといっていいほど食べる。

出産後に初めて食べる料理

クジラが出産すると、海からワカメが消えると言われる。産後の体力回復のために母クジラがすっかり食べてしまうためだ。韓国では、子供を産んだ母親に白飯とミヨックッを食べさせる風習がある。これはチョックッパッ（最初のクッパッ）と呼ばれ、牛肉を入れず、醤油とごま油だけで澄んだスープに仕立てる。

この時に使うワカメはヘサン（お産）ワカメと言われ、幅が広く長いものを選び、値切らずに買うのが習わしだ。売る側もワカメを包む時、折らずにひもで結ぶ風習がある。ワカメを折って包むと、それを食べる妊婦が難産になるという言い伝えがあるためだ。

米国の病院でも人気のメニュー

ワカメに含まれるカルシウムとヨウ素は、産後の子宮の収縮を助け、造血を促す役割をする。このような事実が科学的に立証されてから、米国の大病院でも産後の健康食としてミヨックッを出すようになり話題となった。ロサンゼルスにあるハリウッドプレスビテリアン病院では、出産後の女性や授乳中の女性はもちろん、一般患者にも評判のメニューとして知られている。

受験の日は避けたい料理

「ミヨックッを食べた」という言葉には二通りの意味がある。一つは誕生日を意味し、もう一つは「試験に落ちた」という意味だ。科学的な根拠はないが、ぬるぬるしたワカメは「すべる」「落ちる」ことを連想させるためとされている。

ミヨッオンシミ

ミヨックッだけでも単品料理が作れる。もち粉をお湯でこねて丸めたものをセアルシム（雀の卵ほどの団子という意味）と呼ぶ。このセアルシムをミヨックッに浮かべて食べるのがミヨッオンシミだ。昔から食欲がなく元気をつけたいお年寄りが、このアツアツのミヨッオンシミを食べた。セアルシムはパッチュッやホバクチュッなどのお粥にも用いられる。

お酒を飲んだ翌日に

プゴクッ

[干しスケトウダラのスープ]

韓国の愛飲家が二日酔いの朝にこぞって勧めるのがプゴクッ。忙しい朝に主婦が手軽に作れるメニューでもある。夫にとっては淡白な口当たりの澄んだスープが二日酔いでもたれた胃を解消してくれ、妻にとっては干しタラさえあれば簡単に作れるために嬉しいメニューだ。

憎い夫の代わりに叩かれるタラ

プゴクッを本格的に作るためには、まず丸ごと干したスケトウダラを棒で叩いてほぐす。次に皮をはいで骨を取り除き、太めに割いた身をしばらく水につけてから煮る。

酔っ払った夫のために夜中に妻がプゴクッを作る光景は、テレビドラマでもしばしば見られる。夫の代わりにタラを棒で叩いて怒りを晴らしながらも、ぐでんぐでんに酔っ払った夫の胃を思いやってスープを作るという、妻の深い愛情がもっともよく表れているシーンとも言えよう。

明太を干してできるプゴ

ミョンテ(明太:スケトウダラの朝鮮語)ほど多くの名を持つ魚も珍しい。捕れたてのものは「生太(センテ)」、冷凍したものは「凍太(トンテ)」と呼ばれ、冬の間20回以上冷凍と乾燥をくり返したものは「黄太(ファンテ)」、塩漬けにしたものは「塩太(ヨムテ)」と呼ばれる。成魚になったミョンテを60日ほど乾燥させたものが「北魚(プゴ)」、幼魚を乾燥させたものが「ノガリ」だ。半渇きにしたものは「コダリ」と呼ばれる。

このうち、酔い覚ましのヘジャンクッに使われるのがプゴ。最近は温度差で身が黄色くふくらんだファンテもよく使われる。プゴは脂肪分が少なく、味もさっぱりしている。また、プゴに豊富に含まれるメチオニンという成分は、肝臓のアルコール分解を助ける働きをする。

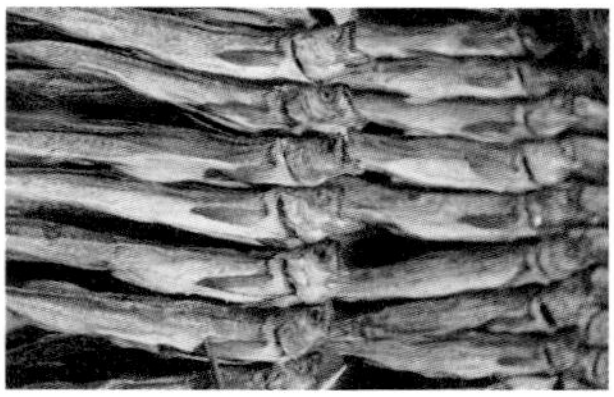

プゴクッは、プゴを丸ごと叩いて身をほぐしてから手で割き、頭と一緒に煮るとスープに深みが出る。

真夏に汗を流しながら食べたい

ユッケジャン

[牛肉と野菜の辛口スープ]

ユッケジャンはサムゲタンやホンニベの料理に並ぶ夏のスタミナ料理だ。
コチュキルム（唐辛子油）が浮いた赤いスープにご飯を混ぜてフウフウ汗をかきながら食べれば、たちまち気分はすっきり、お腹はいっぱいに膨らむ。そのため昔から回復期の病人にもよく食べられた。

夏バテした体をリフレッシュ

ユッケジャンは「熱をもって熱を制する」料理だ。じっくり煮込んだ牛肉は消化しやすく、胃にも負担がかからない。辛口のスープは食欲を刺激し、夏バテで失った食欲を取り戻すのにうってつけだ。ユッケジャンはもともと、ソウルで生まれた郷土料理。1930年代初め、ソウル市公平洞（コンピョンドン）にあった「大蓮館（テリョングァン）」という店で、今のユッケジャンに近い料理を出し始めた。スープにはネギがたくさん入っていたという。

夏場、ひどく蒸し暑いテグ（大邱）では、「テグタン」と呼ばれる同様の料理が人々に親しまれている。じっくり煮込んでネギをたっぷり入れたユッケジャンは、肉の脂臭さをすっかり取り除いたあっさり辛口のスープで、タンパク質が豊富なため夏場にぜひとも食べたい一品だ。

ユッケジャンの代わりにタッケジャン

牛肉の代わりに鶏肉を入れてユッケジャンのように煮込んだ料理を「タッケジャン」と呼ぶ。この「ケジャン」とはケジャンクッ（犬肉の辛味スープ）から取った言葉で、犬肉の代わりに牛肉を使ったものをユッケジャン、鶏肉を使ったものをタッケジャンと呼ぶようになった。

ユッケジャンの代わりにタッケジャン

牛肉の代わりに鶏肉を入れてユッケジャンのように煮込んだ料理を「タッケジャン」と呼ぶ。この「ケジャン」とはケジャンクッ（犬肉の辛味スープ）から取った言葉で、犬肉の代わりに牛肉を使ったものをユッケジャン、鶏肉を使ったものをタッケジャンと呼ぶようになった。

元日に１年の幸福を願って食べる

トックッ

[韓国式お雑煮]

澄んだチャングッに薄切りにしたカレトッ（棒状の餅）を入れて煮たトックッは、韓国の代表的な正月料理。韓国では１歳年をとることを「トックッを１杯食べた」と表現する。
トックッには牛の胸部の肉や脚の骨でだしをとったスープが使われる。

金運招福、商売繁盛の祈願

お正月に白い餅を煮て食べる慣わしは、古代の太陽信仰に由来するものと言われる。

正月は１年が始まる日。新年が明けた証しに白餅を使い、丸い餅は太陽を表している。餅の形にも特別な意味がある。ついた餅を棒状のカレトッに伸ばすのは、財産がどんどん増えることを願う気持ちからだ。

カレトッをスープに入れる際、丸く平べったい形に切るのも、その形がヨプジョン（葉銭：真鍮で作られた昔の貨幣。平べったい形で、真ん中に四角い穴が空いている）に似ているためだ。

寒い地方で食べられたトッマンドクッ

元日には一般的にトックッを食べるが、マンドゥの入ったマンドゥククを食べる地方も多い。特に北朝鮮では大人のこぶしほどもあるマンドゥを入れて煮る。暖かい南の地域では、マンドゥはあまり食べられない。マンドゥの具に使う豆腐やモヤシが傷みやすいこともあるが、マンドゥは寒い所で食べてこそおいしい料理だからだ。また、マンドゥにはみんなで作る楽しみもある。家族全員が円になってマンドゥを作る姿は、正月を目の前にした韓国で昔からよく見られる風景だ。

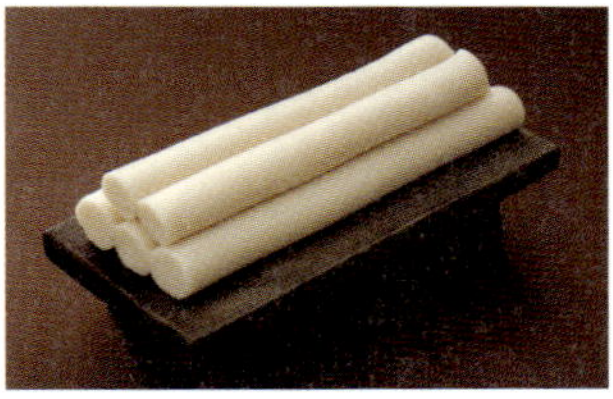

食膳に舞い降りた雪、カレトッ

うるち米を蒸して棒状に伸ばしたカレトッは、平たくスライスしてトックッに使い、細長く伸ばしたものはトッポッキ、トッサンジョク（串焼き）、トッチム（煮物）などに使われる

骨ごとかぶりつく醍醐味

カルビタン

[カルビの煮込みスープ]

牛肉は今も昔も高価な食材だ。そんな牛のカルビで作ったカルビタンは、体力が衰えたと感じる時に食べたい料理。久しぶりに思い切って外食する際、お肉もたっぷり入ったカルビタンなら、1杯で大満足できるはず。

最大限に引き出された肉の味

肉や骨を弱火でじっくり煮込むスタミナ食はいくつもあるが、カルビタンはさっぱりした口当たりと豊かな風味から高級感漂う料理だ。結婚式でもてなされる代表メニューにカルビタンが挙げられるのもこのため。以前は水とカルビだけであっさり煮込んだスープが多かったが、最近は高麗人参、ナツメ、松の実などの漢方薬を入れて香りも豊かな「ヨンヤン(栄養)カルビタン」や、骨付きカルビがたっぷり入った「ワン(王)カルビタン」など、変化を加えたメニューが人気だ。牛の脚を煮込んだサゴルスープや牛テールを煮込んだコリコムタンは、水を足しながらじっくり煮込むが、カルビタンは肉がちょうど良い味になるタイミングまで煮込むのがコツだ。

会社員のお昼に最適、ウゴジカルビタン

テンジャンを溶いたウゴジカルビタンは、ウゴジカルビヘジャンクッとも呼ばれるほど、愛飲家から絶大な支持を受けているスープ。会社員のお昼ご飯としても人気のメニューだ。

「ウゴジ」とは、「上にあるものを取り除く」という意味の「ウッコジ」が変化したもの。白菜の外側の葉だけを茹でたウゴジは、ビタミンやミネラルだけでなく繊維質も豊富なため、ダイエットや美容に最適の料理だ。

カルビタンには醤油、ソルロンタンには塩

カルビタンのように肉の味を楽しむスープは、醤油で味付けしてこそ旨みを生かすことができる。一方、骨からじっくりだしをとるソルロンタンは、塩であっさり味付けしてこそスープの奥深い味を楽しむことができる。

真似できない不思議なスープ

コムタン

[牛肉の煮込みスープ]

コムタンはソルロンタンと並んで韓国を代表するスープ料理の一つだ。
牛骨スープのさっぱりした風味と韓牛の柔らかくて淡白な味を同時に楽しめるコムタンは、
タンパク質とカルシウムが豊富に含まれ、スタミナ食にうってつけの一品だ。

牛を125の部位に分けて食べる韓国人

コムタンは、使う部位が多ければ多いほどおいしくなる。部位ごとの微妙な味の特徴が一つに溶け合うためだ。韓国人は牛肉を部位ごとに細かく使い分けることで知られている。アフリカのボディ族は40ヵ所、英国人は25ヵ所の部位に分けて使うが、韓国人はなんと牛を125の部位に分けて使う。

名前の由来

コムタンという名前は、肉を真水で煮た汁という意味の空湯(コンタン)に由来するという説と、肉をじっくり「煮込んだ(コン)」汁という意味のコムグッに由来するという説がある。

肉をじっくり煮込んで作るスープには様々な栄養分が溶け込んでいる。コムタンはスタミナ食であるばかりか、老化防止や疲労回復、貧血予防にも効果がある上、消化吸収に優れた栄養食だ。

王様にも愛されたソウルの名物料理

ソルロンタン

[牛骨肉の煮込みスープ]

ソルロンタンは牛の頭、脚、肉、骨、内臓などをじっくり煮込んだスープ。
会社員の代表的な昼食メニューの一つで、牛ならではの甘みと深い味わいが特徴だ。しっかり食べたい時は、ネギをたっぷり入れてカットゥギを添えたソルロンタンに限る。

トゥッペギ、ネギ、カットゥギ

1876年の日朝修好条規(江華島条約)締結後、開化期にあったソウルには有名なソルロンタンの店が数件あった。店では牛を1頭屠ると、皮と汚物を除いた全ての部位を大鍋に入れて、その日の明け方から翌日の午前1時まで煮たという。0時から午前1時ごろまでじっくり煮込まれた濃いスープが食べられるため、常連客が集まるのもその時間帯だったという。

金属の釜でぐつぐつ煮込んだ乳白色のスープに、酸味の効いたカットゥギの汁を入れて食べるソルロンタンは、またとないごちそうだ。

ソルロンタンは、トゥッペギ(韓国式土鍋)にご飯を入れ、そこへ作り置いたスープをかけて出す。そのため注文して運ばれてくるまでに時間がかからず、忙しいサラリーマンも昼食によく食べるメニューだ。

ソンノンダンからソルロンタンへ

朝鮮王朝時代、第4代国王の世宗(セジョン)*がソンノンダン(先農壇)*で自ら耕作の手本を見せていた時のこと。突然の嵐に足止めを食った王の空腹を紛らすために、農民たちが畑を耕していた牛で作ったのが、後のソルロンタンになったといわれる。

＊世宗(セジョン、1397〜1450):朝鮮王朝第4代目国王。若く人格優れた学者を登用し、理想的な儒教政治を展開した。朝鮮独自の独創的な文化を起こすため、ハングルを制定・普及し、測雨器(雨量計)などの科学器具を作って国民生活の向上に努めた。

＊ソンノンダン(先農壇):農業の神である「神農(シンノン)」と「后稷(フジク)」を祀っていた所で、春分と秋分には王自らここで豊作を祈願する祭祀を行った。干ばつが続く時には祈雨祭(雨乞い)も行われた。

コムタンとソルロンタンの違い

コムタンとソルロンタンの違いは何か。一言でいえば、ソルロンタンはだしを骨からとり、コムタンは肉からとるという点だ。そのため、骨を煮込んで作るソルロンタンのスープは乳白色で、肉でだしをとるコムタンのスープは透き通っている。

夏になると恋に落ちる鶏肉と高麗人参

サムゲタン

[参鶏湯]

サムゲタン（参鷄湯）は若鶏に高麗人参、キバナオギ、ナツメ、もち米などを詰めて作る。夏の蒸し暑い時期、特に初伏・中伏・末伏の三伏に一度ずつ食べたいスタミナ料理だ。やさしい口当たりで外国人にも人気が高い。

蒸し暑い三伏にはサムゲタン

サムゲタンは、高麗人参が大衆化して本格的に食べられるようになった。
蒸し暑い夏は鶏肉の季節だ。三伏が近くなると、専門店ならずともサムゲタンを出す店は多い。それほど需要の高いメニューなのだ。
サムゲタンは海外でもよく知られている。日本の小説家、村上龍は自身の作品の中で、サムゲタンは韓国一の料理だと賞賛している。また中国の映画監督チャン・イーモウはサムゲタンを「ジンセンチキンスープ」と呼び、韓国を訪れれば必ず食べると言う。

義母の愛がぎゅっと詰まった料理

サムゲタンの人気を受けて、最近では様々なアイディアを加えたサムゲタンが登場している。
鹿の角、栗、松の実などは当たり前、天然物のアワビを殻ごと入れたり、ナッチ（テナガダコ）が入ったサムゲタンや、高麗人参を乾燥させたホンサム（紅参）を１本丸ごと入れたサムゲタンもある。さらに、様々な漢方の薬剤が入った「ハンバン（漢方）サムゲタン」、テナガダコ、ワタリガニ、アワビなどが入った「ヘムル（海鮮）サムゲタン」、土鍋ではなく竹筒（テナムトン）で蒸す「テナムトンサムゲタン」などもある。だが何といっても最高のサムゲタンは、娘婿が妻の実家を訪れた時、義母が大事に育てためん鳥で惜しみなく作ってくれるサムゲタンだ。トロトロになるまで煮込んだサムゲタンからよそってくれるもも肉には、娘婿への愛がぎっしり詰まっている。

「インサム」と「Ginseng」

人参（韓国名：インサム）の英語の表記「Ginseng」の語源については二通りの説がある。一つは「にんじん」という日本語の発音に由来するというもの、もう一つは中国語の発音に由来するというものだ。だが実際は1843年、ロシアの植物学者メイヤーが世界植物学会に高麗人参の学名として登録した「Panax Ginseng」に由来するというのが定説となっている。

赤いコチュジャンを溶かしてぐらぐら煮る

メウンタン

[魚の辛味鍋]

魚を主材料にして、粉唐辛子やコチュジャンで辛く煮た鍋物がメウンタンだ。頭や内臓も一緒に煮込み、コクのあるスープを楽しむ。魚は海水魚でも淡水魚でもかまわないが、ナマズやコウライケツギョなどの淡水魚が最もおいしいとされる。

お腹がふくれ元気がつくミンムルメウンタン

川魚を使ったメウンタンは、じっくり煮込むほどおいしさも増す。初めはさっぱり味だが、時間と共にスープにとろみが出て味もぐっと深まる。魚臭さをなくすためコショウ、ショウガなどをたっぷり入れ、醤油を使わず塩だけで味を加減するのがポイントだ。川魚のメウンタンが好きな人は、真夏か秋の収穫が終わる頃、川に出かける。砂利が広がるきれいな川では、短時間にかごいっぱいの魚が捕れるためだ。そこへ朝鮮カボチャ、タマネギ、ゴマの葉、春菊、豆腐などをどっさり入れ、コチュジャンを溶いてぐつぐつ煮る。

刺身を食べた後のデザートは？

韓国人は刺身料理を食べた後でも、メウンタンを食べなければ食事をした気がしない。さっぱりした刺身の後に辛口のスープとご飯を食べて「口直し」をするのだ。刺身料理店で食べるメウンタンは、一種のデザートと言えるのかもしれない。

様々な魚介類を存分に楽しめるヘムルタン

ヘムルタン（海鮮鍋）はワタリガニ、テナガダコ、エビ、アサリなど、海で捕れるものなら何でも入れて、辛口に仕立てた鍋料理。魚介類に豊富に含まれる必須アミノ酸が、あっさりした深みのある味を引き出す。また、タウリンには高血圧、心臓病などの成人病を予防する効果がある。

骨の髄まで楽しむスープ

カムジャタン

[豚背骨肉とじゃがいも鍋]

豚の背骨をじっくり煮込んだところへジャガイモ、ウゴジ（白菜の外側の葉）、エゴマ、ゴマの葉、ネギ、ニンニクなどを加えて辛く煮たのがカムジャタンだ。骨と骨の間の身をきれいに食べつくすのも楽しい。

火にかけた鍋で肉を食べた後、残った汁でご飯を炒めて食べるのも格別な味だ。

豚の背骨とジャガイモ

カムジャタンという名前は、豚の背骨に付いた脊髄を「カムジャ」と呼ぶことに由来するという説と、豚の背骨の中に「カムジャ骨」という部位があり、これを入れて煮ることに由来するという説がある。偶然にも「カムジャ」には「ジャガイモ」という意味もあり、ジャガイモが入るためカムジャタンという名前が付いたと思っている人も多い。

安くてボリュームたっぷり、栄養満点のカムジャタン

カムジャタンは、もともと全羅道で食べられていた料理。畑仕事に欠かせない牛の代わりに使われたのが豚肉だ。豚の骨を煮込んだスープに野菜をたっぷり入れたカムジャタンを、骨の弱い人や病人に食べさせた。その後、全国に広まったカムジャタンは、庶民の中でも特に仁川(インチョン)埠頭の労働者に喜ばれた。そこには十分な理由があった。

男しかいないため酒の肴になり、労働者が食べるため高カロリーで腹持ちがよく、安くて味の濃い料理でなければならなかった。一度に大量に作るため、材料の下ごしらえに手間がかからないという点もポイントになった。このような理由から埠頭で働く労働者に喜ばれたカムジャタンだが、豚の背骨にはタンパク質、カルシウム、ビタミンＢ１などが多く含まれることが分かり、今では老若男女を問わずスタミナ料理として人気を呼んでいる。

肌をきれいに、頭をすっきりさせるエゴマ

カムジャタンの濃厚な味を引き出すのに欠かせないのがエゴマだ。エゴマに含まれるビタミンＡとビタミンＣが、肌をきれいにし、頭をすっきりさせてくれる。

チゲとチョンゴル

[鍋, 寄せ鍋]

チゲは材料を鍋や釜に入れ、テンジャン、コチュジャン、
チョングクジャンなどで味付けしてコクを出す。
チョンゴルは専用の浅い鍋に肉や野菜などを入れ、
スープを継ぎ足しながら食べる。

毎日食べても飽きない旨さ

テンジャンチゲ

[みそ鍋]

韓国人が、毎日食べても飽きないメニューの一番に挙げるのがテンジャンチゲだ。おいしいテンジャンさえあれば、どんな材料を組み合わせてもおいしいテンジャンチゲになる。トゥッペギでグツグツ煮た香ばしいテンジャンチゲは、韓国人にとって永遠のソウルフードだ。

いちばん手軽に作れる料理

昔はテンジャンを各家庭で仕込んでいたが、最近は工場で生産されたテンジャンを買うことが多い。ただ、家で仕込んだテンジャンと買ってきたテンジャンとでは、おいしく作るためのコツが違う。家で仕込んだテンジャンは塩辛くコクがあるため、チゲに使う時はなるべく弱火で長時間煮る。一方、工場で作られたテンジャンは長時間火にかけると酸味が出て、テンジャン特有の香りが消えてしまう。テンジャンチゲを火にかける時間は、主材料となるテンジャンが熟成する時間に比例すると考えられる。時間をかけて熟成したテンジャンほど、じっくり煮てとろりとした深みを出したい。

晩夏に食べたいカンテンジャンチゲ

カンテンジャンは、挽いた牛肉か煮干しにみじん切りにしたニンニク、ネギ、ごま油、テンジャンを入れてしっかり混ぜ、米のとぎ汁と一緒にトゥッペギで煮たもの。夏にこれ以上のおかずはない。これをご飯にのせ、ヨルム(ダイコンの若菜)キムチとごま油を加えて混ぜたカンテンジャンヨルムキムチピビムパッは、夏にぴったりのごちそうだ。

おいしいテンジャンの作り方

秋の終わり頃、豆を蒸してすりつぶし、四角い形にメジュ（豆麹）を作る。それを暖かい室内で発酵させて冬の間干しておけば、メジュが完成する。これがテンジャンの原料だ。早春、瓶にメジュと塩水を入れて100日ほど経つと、発酵したメジュと液体に分離する。そのうち固体だけを取り出して別の瓶で熟成させたものがテンジャンだ。黒っぽい液体は、さらに熟成させてカンジャン（醤油）にする。

角切りの豚肉を入れて本格的に

キムチチゲ

[キムチ鍋]

冬の保存食品であるキムチは、春が終わる頃には漬かりすぎて酸っぱくなり、そのままでは食べにくい。そんなキムチで作る最高の料理がキムチチゲだ。漬けたばかりの新鮮なキムチもおいしいが、よく漬かったキムチで作るキムチチゲは料理の最高峰と言える。

材料をやさしく包み込むキムチチゲ

キムチポックムパッと並んで、よく漬かったキムチを効率的に活用する料理がキムチチゲだ。

豚肉やイワシ、ツナ缶、サバなどを入れると酸味がやわらぎ、立派な一品料理に生まれ変わる。ここ数年、大ブームとなっているキムチチゲがムグンジキムチチゲだ。

普通、低温で半年以上キムチが熟成すると、酸味が少なく独特の香りを放つムグンジキムチになる。これに分厚い角切りの豚肉やサンマ、サバなどをたっぷり入れて煮れば、1杯では足りないくらいご飯がすすむ。キムチチゲは、トンチミやカットゥギ、残ったキムチなどにテンジャンとコチュジャンを加えて煮ると、香ばしさの中にコクが生まれる。煮干しの代わりに豚肉や豚カルビを入れれば、真冬の寒さも吹き飛ぶ栄養食になる。

おいしいキムチチゲの作り方

最初から水を入れて煮ると、キムチが水っぽくなっておいしくない。まずは少量の油を入れて、強火でキムチを炒めるのがコツだ。キムチが柔らかくなったら水を加えて弱火にし、くたくたになるまで煮る。味が薄ければ、塩の代わりにキムチの汁を入れると味に深みが出る。

長い忍耐が生む珍味、ムグンジ

ムグンジとは、長い時間をかけて熟成した酸味の少ないキムチのこと。比較的熟成期間の短いムグンジはチゲに使い、熟成期間の長いキムチは一度洗って、包み野菜にしたり、煮込み料理に使う。ムグンジは土の中に埋めた瓶の中でゆっくりと味わいを増してゆき、そんな深みのあるムグンジを使った料理もまた最高の珍味とされる。

ぐつぐつ煮立てた健康食

チョングッチャンチゲ

[納豆みそ鍋]

チョングッチャンを水で溶き、牛肉、豆腐、キムチなどを入れて煮たのがチョングッチャンチゲだ。煮干しでだしをとってもおいしいが、水の代わりに米のとぎ汁を使うと生臭さが消え、チョングッチャンならではの深い味わいが生きる。
チョングッチャンチゲは全国的な料理だが、忠清北道（チュンチョンプクト）、全羅北道（チョルラプクト）、慶尚北道でよく食べられる。

藁で包んで寝かせるチョングッチャン

チョングッチャンは、蒸した豆を暖かい部屋で寝かせて作る味噌の一種である。日本の納豆に似ているが、納豆は納豆菌を人為的に加えるのに比べ、チョングッチャンは蒸した豆を藁で包むか、そのまま自然発酵させる。昔は長く寝かせ臭いの強いチョングッチャンが好まれたが、最近はあまり臭わないチョングッチャンが人気だ。チョングッチャンの作り方は難しくない。豆を蒸して瓶に入れ、藁で包んで暖かい部屋に置いておけば、納豆菌が繁殖して粘り気が出る。こうして出来上がったチョングッチャンにニンニク、ショウガ、粗挽きの粉唐辛子、塩などをすり混ぜて冷蔵庫で保管し、その都度取り出して使う。

馬鞍の下で発酵させたチョングッチャン

韓国固有の食べ物であるチョングッチャンは、高句麗（BC37～AD668、統一新羅以前に朝鮮半島にあった古代国家）で初めて作られたと伝えられている。満州で馬を走らせていた高句麗の人々は、蒸した豆を馬鞍の下に入れておき、必要に応じて食べていたという。馬の体温（37～40度）で豆が発酵し、腐りにくく栄養価の高いチョングッチャンが自然と出来たわけだ。馬鞍の下は、一定の温度でなければうまく発酵しないチョングッチャンの特性にぴったりの場所だったのだ。

食べ物より薬に近いチョングッチャン

10グラムのチョングッチャンには、300億の微生物が存在する。この微生物が生きて腸まで届いて、便秘を解消し腸の働きを助ける。チョングッチャンの特徴であるネバネバを作るのがバチルス菌。この菌の整腸作用は乳酸菌の100倍を超える。

チョングッチャンはチゲにしてもおいしいが、生で食べても体に良い。海苔やキムチで包んで食べると、いっそうおいしい。

とろけるようなやさしい舌触り

スンドゥブチゲ

[おぼろ豆腐の辛味鍋]

トゥッペギで煮たスンドゥブチゲを前にすれば、誰でも生唾を飲まずにはいられない。今にもふきこぼれそうなスープとぐつぐつ煮える音が食欲をかきたてるためだ。
ふわふわのスンドゥブ（おぼろ豆腐）を入れてさっぱり煮立てたスンドゥブチゲには、塩気の効いたセウジョッ（アミの塩辛）がぴったりだ。

豆の栄養を理想的な形で吸収

スンドゥブは豆腐を作る過程で出来る。加熱した豆乳ににがりを入れると、タンパク質が徐々に固まり始める。この段階ですくい出したものがスンドゥブで、やわらかくて消化に良く、さっぱりした味わいだ。おいしいスンドゥブを作る秘訣は、どんなにがりを使うかだ。スンドゥブで有名な江原道江陵（カンウォンド・カンヌン）の草堂村（チョダンマウル）では、東海（トンへ）の澄んだ海水で味を付ける。16世紀半ば、江陵の府使（プサ：地方行政区画を統轄していた官吏）を務めていた草堂許曄（チョダン・ホヨプ）は、官庁の前庭の湧き水がおいしかったことから、その水で豆腐を作った。その時、にがりの代わりに海水を使ったのが始まりと言われている。「草堂」は許曄の号。アツアツのスンドゥブに薬味醤油をかけて食べたり、熟したキムチや貝などを入れてもおいしい。

ニューヨークタイムズが絶賛したスンドゥブチゲ

米国の「ニューヨークタイムズ」が、韓国のスンドゥブを冬に食べたい最高の料理と絶賛して話題になったことがある。「辛口スープに絹のようにやわらかいスンドゥブ、タマネギ、牛肉が入り、シャキシャキした歯ごたえのキムチを添えたスンドゥブチゲは、最も理想的な冬の料理」と評した。

水なしで作るスンドゥブチゲ

スンドゥブチゲはだし汁や水がなくても作れる。スンドゥブから十分な水分が出るからだ。
トゥッペギにみじん切りにした豚の脂身、スンドゥブ、薬味、水気をとった貝の身を加えて強火にかけ、匙でかき混ぜながら煮るのがコツ。

ヘムル（海鮮）スンドゥブ

ハムとソーセージとキムチのハーモニー

プデチゲ

[ソーセージの辛味鍋]

プデチゲは、朝鮮戦争の真っ只中で生まれた歴史の浅い料理。ハム、ソーセージ、米国式のビーンズ缶などにキムチとコチュジャンを加えて煮た辛口のプデチゲは、プデ（部隊）で軍人が食べた料理ではなく、米軍部隊から流れてきた食材で韓国の人々が作り出した料理だ。

東洋と西洋の食文化が溶け合って生まれた料理

戦争の只中、米軍部隊の近くではハムやソーセージが簡単に手に入った。これらは当時「プデコギ（部隊肉）」と呼ばれ、キムチとコチュジャンを加えて煮れば脂のしつこさもやわらぎ、韓国人の口にも合った。

プデチゲは、当時の米大統領リンドン・B・ジョンソンの名を取って「ジョンソンタン（ジョンソン鍋）」とも呼ばれた。プデチゲは辛いスープが大好きな韓国人の特性をよく表している。ハムやソーセージを初めて口にした人々は、「肉なのに肉ではない」その味に夢中になったが、おかずとして食べるにはもう一つ物足りなかった。そこで苦心の末に編み出したのが辛みを加えたプデチゲだった。

議政府プデチゲ

プデチゲの発祥の地は、米軍部隊が置かれていた京畿道議政府（キョンギド・ウィジョンブ）。プデチゲの店が一つ、二つと増え始め、いつしかプデチゲ通りとなった。今では多くの外国人が訪れる議政府の観光名所となっている。

この上ない華やかさを誇る宮廷料理

シンソルロ

[神仙炉鍋]

シンソルロはかつて宮廷で食べられた料理。そのおいしさで口を悦ばせることから「悦口子湯」と呼ばれたほど豪華な料理だ。牛肉、肝、センマイ、豚肉、キジ、鶏、アワビ、ナマコ、ボラなど、約25種類の高級食材が用いられる。

全国を放浪した鄭希良のシンソルロ

シンソルロの由来は、朝鮮王朝第10代国王・燕山君(ヨンサングン)*の時代にさかのぼる。詩文に優れ陰陽学に通じていた鄭希良(チョン・ヒリャン)は、自らを占って自分の運命と寿命を知り、若くして俗世を離れ隠遁することを決意した。王の信任を失って流罪になった後、深い山奥に入って全国を放浪しながら神仙のように暮らしたという。彼は火炉(火鉢)を作って持ち歩き、様々な野菜を一緒に煮て食べた。彼が神仙となって俗世を離れると、人々は彼が使った火鉢を「シンソルロ(神仙炉)」と呼ぶようになった。

舌鼓を打つ美味しさ

シンソルロは使う食材が豪華なだけ、準備にも手間がかかる。まず、湯がいた肉と生の肉を下に敷き、その上に、衣をつけて焼いた魚、肉、センマイ*、セリ、卵、キノコなどを同じ大きさに切りそろえて彩りよく並べる。最後に松の実、くるみ、銀杏をのせ、肉でだしをとったスープを注ぎ、火にかけて煮ながら食べる。この料理に使う鍋もシンソルロと呼ばれ、鍋の真ん中に穴が空いているのが特徴だ。ここに炭火を入れて材料を煮ることで、食べ終わるまで温かい料理が味わえる。

*燕山君(ヨンサングン、1476〜1506):朝鮮王朝第10代国王。多くの臣下や優れた人材を計略によって処刑するなどの暴政を敷いた。クーデターによって王位を剥奪され、後に病死した。

*センマイ:牛や羊、鹿などの第3胃。新鮮なものは切って塩を混ぜたごま油につけて生で食べる。

シンソルロと国賓晩餐会

華やかな見た目で視線を集めるシンソルロは、大統領官邸で開かれる国賓晩餐会の定番メニューだ。
晩餐の途中で室内の照明が消え、1人前のシンソルロが何十人分も運び込まれる。
暗い室内に炭火を入れたシンソルロがずらりと並ぶ光景自体が、独特なパフォーマンスになるためだと言う。

プリプリのホルモンと辛口スープがベストマッチ

コッチャンチョンゴル

[牛もつ辛味鍋]

チョンゴルは、薬味で和えた細切れ肉に野菜を入れ、肉でだしをとったスープを継ぎ足しながら煮て食べる鍋料理。粉唐辛子のたっぷり入った辛口のコッチャンチョンゴルは、風を冷たく感じる季節になると誰もが一度は思い浮かべる。

牛もつで作る絶品鍋

コッチャンは牛の小腸(ホルモン)のこと。脂が多く臭みがあり、クネクネ曲がりくねっている上、内側にはじゅう毛と呼ばれる小さな突起がある。そのため、下ごしらえに相当の手間がかかる。ところが一旦調理すると、プリプリした触感とクセのある旨みに魅了されてしまう。鍋にしても焼いてもおいしい。小腸は胃壁を保護し、アルコールを分解する働きに優れた高タンパク食品として知られている。小腸に含まれる消化液のおかげで、消化にも良い。こってりした印象があるが、虚弱体質の人も無理なく消化できる食品だ。仕上げに春菊を入れて煮ると、爽やかな香りで口当たりもすっきりする。

脂を取り除いて、楽しむ旨み

小腸の外側に付いている脂をきれいに取り除いてこそ、さっぱりしたコクのあるコッチャンを楽しめる。臭みを消すのにうってつけなのが小麦粉だ。小腸を小麦粉で揉んで水で洗い流すと、小腸独特の臭いいがきれいにとれる。

高タンパク・低コレステロール食品であるコッチャンには、胃壁を保護し、アルコールを分解し、消化を促す作用があるため、お酒のつまみにもぴったりだ。産後の回復にも効果があることで知られている。

脇役の麺が主人公に変身

クッスチョンゴル

[麺入り寄せ鍋]

クッスチョンゴルは、その名の通りクッス（麺）が主役の鍋だ。煮干しや昆布でとっただし汁に牛肉、キノコ、野菜、麺を入れて煮る。比較的安価な値段で食べられるため、人気の高い料理だ。

素朴でボリュームたっぷり、庶民の味

チョンゴル(鍋)というと大げさな料理のような気がして、はなから作ろうなどと思わない主婦の方も多いはず。

だが少しだけ見方を変えれば、鍋料理ほど手軽な料理もない。何かをグツグツ煮て食べたい。そんな時はわざわざ買い物に出かける前に、冷蔵庫を開けてみよう。ニンジンやタマネギの切れ端にたっぷりのキノコがあれば、おいしいスープが作れる。クッスチョンゴルは誰にでも簡単に作れる。鍋は本来、具を食べた後のだしの効いたスープに麺を入れて食べる。だがクッスチョンゴルの場合は、最初から麺をたっぷり入れて具と一緒に食べるのが特徴だ。

チョンゴルの味はだし汁によって決まる。牛肉がなければ、イカやワタリガニなどの海産物を代わりに使う。主材料には肉や海産物、キノコ類などを用い、あとは基本野菜があれば手軽に作れる。

チョンゴル鍋の由来

チョンゴルの味はだし汁によって決まる。牛肉がなければ、イカやワタリガニなどの海産物を代わりに使う。主材料には肉や海産物、キノコ類などを用い、あとは基本野菜があれば手軽に作れる。

体にやさしい鍋

トゥブチョンゴル

[豆腐の寄せ鍋]

トゥブチョンゴルはかつて宮廷で食べられていた料理だ。フライパンで焼き色を付けた豆腐で、下味を付けた肉を挟み、真ん中をワケギで結ぶ。これを野菜と一緒に鍋に並べ、上に飾り付けのコミョンをのせて煮る。

豆腐は人類最高の発明の一つ

豆腐は古代中国で初めて作られた。その後、韓国を通じて日本にも渡り、やがて東アジア全域に広がった。また、豆腐は菜食を勧める仏教が盛んな地域で、ほとんど食べられている。豆腐の由来については、大きく三つの説がある。

一つ目は紀元前164年頃、中国北部で生まれたという説。漢の時代、淮南王劉安(わいなん王りゅうあん)が、歯が痛くて豆が食べられない母親のために豆乳を作り、その過程で豆腐が誕生したというもの。二つ目は豆を挽いて煮ていた際、偶然海塩をこぼしたという説だ。海水で作った塩には豆腐を固めるのに必要なカルシウムとマグネシウムが入っているため、鍋の中の豆乳が突然ゼリー状になって豆腐が出来たと言う。三つ目は古代の中国人がモンゴル地域のチーズの製法を用いて豆腐を作ったというもの。チーズの作り方がどうやって古代の中国に伝わったのかは不明だが、モンゴル語では牛乳のことを「rufu」と言い、これが豆腐(doufu)の発音と似ていることがこの説の発端となっている。

西洋にチーズがあるように、韓国にはなめらかで香ばしい豆腐がある。だが、豆腐はチーズとは比べ物にならない。チーズは動物性で脂肪分が多いが、豆腐は高タンパク・低カロリー・低脂肪と体に良い食品なのだ。

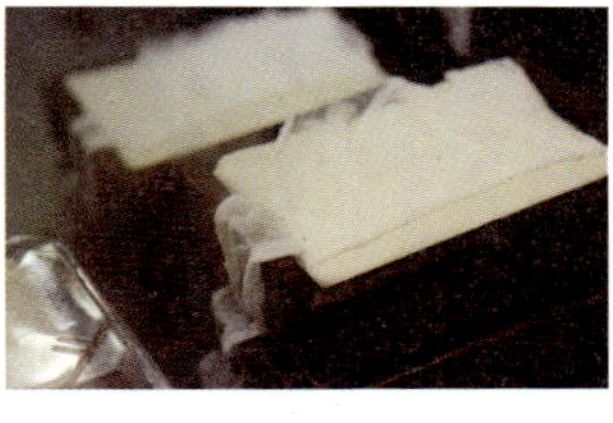

「畑の肉」と呼ばれる大豆から作られる豆腐は高タンパク・低カロリーで、いくら食べても成人病を心配する必要のない最高の健康食品だ。

ボリュームも栄養も満点

マンドゥチョンゴル

[餃子の寄せ鍋]

天気が急に肌寒くなったり風の強い晩、頭に思い浮かぶのがマンドゥチョンゴル。
ボリュームたっぷりのマンドゥ（餃子）が入ってお腹も膨れる、栄養満点の一品だ。コギ（肉）マンドゥを入れればあっさり味、キムチマンドゥを入れればピリ辛風味といった具合に、いくつもの表情を持つ魅力的な料理だ。

心と体をポカポカに温めてくれる冬の鍋

マンドゥチョンゴルほど、見た目もボリュームも満足できる料理もないだろう。
トンマンドゥ(蒸し器で出される蒸し餃子)やチンマンドゥ(蒸し餃子)、トッマンドゥクッ(餅入り餃子スープ)より量はずっと少ないのに、マンドゥチョンゴル一つあれば何人ものお腹を満たして幸せになれる。お酒にもぴったりで、昔はご飯の代わりにマンドゥを食べたように、ご飯なしでも満足できるのがマンドゥチョンゴルだ。
その実、マンドゥチョンゴルほど手軽に作れる料理もない。餃子から作っても良いが、市販の餃子を使っても差し支えないためだ。あっさり食べたいなら澄んだスープにコギマンドゥ(肉餃子)、辛味を生かしたいなら粉唐辛子を入れたスープにキムチマンドゥ(キムチ餃子)を入れる。

栄養バランス抜群の料理

マンドゥの具に使うスッチュナムルは緑豆モヤシの茎の部分のことで、老廃物を解毒し、熱を冷まし、食欲を増進する働きがある。また、豆腐にはカルシウムが豊富に含まれ、骨や歯の健康維持に大切な働きをする。このように多様な材料で作られたマンドゥが入ったチョンゴルは、栄養バランス抜群の料理と言える。

スープが濃いと感じた時やよりあっさり食べたい時は、粉唐辛子を少量ふって食べてもおいしい。また、小麦粉で作った麺の代わりにそばを入れると、一風代わった味を楽しめる。

甘口のプルコギと辛口のナッチがドッキング

プルナッチョンゴル

[牛肉とたこの寄せ鍋]

クッスチョンゴルは、味を一言で言い表すのが難しい料理だ。薄切りにした牛ロースを甘い薬味で味付けしたプルコギと、さっぱりピリ辛風味のナッチ（テナガダコ）の味が絶妙に交じり合っているからだ。辛さの中にもすっきりした後味が感じられる。取り合わせは複雑でも、味の相性は抜群の一品だ。

テナガダコは干潟でとれる薬

テナガダコにはタンパク質とミネラルが豊富に含まれ、栄養面において牛肉にもひけをとらないスタミナ食品だ。また、疲労回復に効果的なタウリンや脳の発達に良いとされるＤＨＡもたっぷり含まれている。

朝鮮王朝時代に丁若銓が記した『玆山漁譜』には、暑さに当たった牛にテナガダコを食べさせて元気を取り戻させるという話が出てくる。実際に南の地方では、牛が子を産んだり暑さで参って倒れたりすると、テナガダコを一匹食べさせる。牛はテナガダコを食べたとたん起き上がると言うが、実際にこの光景を見た人は少ないかもしれない。だが伝統的な闘牛場で、飼い主がテナガダコを牛に食べさせる場面は、韓国では見慣れた風景だ。

澄んだスープのヨンポタン

西海岸地域では辛い味付けのプルナッチョンゴルより、澄んだだし汁で煮たヨンポタンがよく食べられる。ヨンポタンには小ぶりのものより中間サイズのテナガダコが多く使われる。時々タコの墨でスープが黒く染まることもあるが、これもまたヨンポタンならではの醍醐味だ。

チム、チョリム、ポックム

[蒸し物, 煮物, 煮付け, 炒め物]

焼いたり揚げたりするより、蒸したり煮たりすることの多い韓国料理は、
無駄な脂肪が自然に落ち、脂肪摂取を最低限にとどめられる健康食。
弱火でじっくり煮るチム（蒸し物）やチョリム（煮付け）、
油を少量しか使わないポックム（炒め物）は、
主材料が様々な薬味や野菜と混ざり合って深い味わいを生む調理法だ。

祝日の食卓を彩る

カルビチム

[牛カルビの煮込み]

韓国でカルビチムと言えば、真っ先に思い浮かぶのが正月や誕生日。カルビチムは、高級な韓牛の中でも最も高価な部位で作られるためだ。家族が集まるソルナル（陰暦1月1日）やチュソッ（陰暦8月15日）の食卓、お祝いの席に上る特別な料理がこのカルビチムだ。

甘辛くやさしい風味

韓国では昔から蒸し料理が発達してきた。カルビチムもその一つ。最近ではヘルシーな調理法を重んじる世界のトレンドにぴったりの料理として人気を集めている。

カルビは脂が多いため、脂肪を丁寧に取り除いてから、ニンジン、栗、銀杏を混ぜ、薬味を加えて煮込む。その上にシイタケ、黄身と白身に分けた錦糸卵(ジダン)をのせれば、カルビクイ(焼きカルビ)にも負けない料理が完成する。味も見た目も豪華で、外国人にも喜ばれる料理だ。銀杏と栗を加えてツヤが出るまで煮込めば、醤油ベースの甘辛い薬味がしみこんで深いコクが生まれる。脂の多いカルビの代わりに牛の膝裏の肉を煮込んだサテチョリムも、さっぱりした味わいで祝日の食卓を飾るメニューとして人気が高い。

しびれる辛さ、チムカルビ

チムカルビはカルビチムとは全く異なる、ピリ辛味の料理。その歴史は1960年代、大邱市東仁洞(テグ市トンイン洞)のある住宅街に始まる。そこにカルビが大好きな夫婦がいた。最初はカルビを釜でじっくり蒸して塩を付けて食べていたが、辛いもの好きの夫のために、やがてニンニクと唐辛子を加えて食べるようになった。その後、その独特な味付けに自信を持った妻が本格的な辛口ソースを開発し、釜で蒸し煮にしたチムカルビを12坪の伝統家屋で出し始めた。涙が出るほど辛い料理に目がない大邱の人々をうならせる料理が誕生したのだ。これが大ブームを巻き起こし、一帯にチムカルビの店が並び始め、今のチムカルビ通りになった。

東仁洞チムカルビの魅力

チムカルビには、熱が早く伝わるアルミ鍋を使う。辛みを抑えるため、チシャやゴマの葉、ペッキムチ(白キムチ:唐辛子を使わないキムチ)などで肉を包んで食べる。肉を食べ終えたら、後に残った汁にご飯を混ぜて食べる人も多い。

面白いのは、型崩れしていないアルミ鍋を探すのは至難の業だということ。練炭の火に一度にたくさんの鍋をのせるため、どの鍋もボコボコに潰れているのだ。

舌にからみつく思い出の味

タッメウンチム

[鶏肉の辛味炒め煮]

タッメウンチムは鶏肉、ジャガイモ、タマネギなどを食べやすい大きさに切って鍋に入れ、辛い薬味をまぶして煮た料理。煮詰めると見た目にも上品でおもてなし料理に最適だが、実際はスープをたっぷり入れて煮ながら食べる田舎風のタッメウンチムの方が人気だ。

今も意見が分かれる名前の由来

今は「タッメウンチム」という名で呼ばれるが、この料理は長い間「タットリタン」と呼ばれていた。「タットリタン」が「タッポックムタン」、その後「タッメウンチム」になるまでには入り組んだ事情がある。ことの発端は韓国の国立国語院がタットリタンの「トリ」は日本語の「鳥」からきており、「タットリタン（鶏の鳥鍋）」という名前は適切でないと言い始めたことにある。

その後一時「タッポックムタン（鶏炒め鍋）」と呼ばれ、やがて今の「タッメウンチム（鶏の辛味蒸し）」になった。最近になってタットリタンの「トリ」は日本語の「鳥」ではなく、韓国語の「トリダ（くり抜く）」からきたものであり、タットリタンという名前は純粋な韓国名であるという意見も説得力を帯びている。

タッメウンチムの汁

家で作るタッメウンチムにはスープをたくさん入れない。反対に、お店で食べる場合は、辛口のスープをたっぷり注ぐ場合が多い。あらかじめ火を通しておいたものを、その場でグツグツ煮て食べるためだ。ジャガイモをふんだんに入れ、スープをかけて潰しながら食べてもおいしい。

辛くて有名なチョンヤンコチュ（青陽唐辛子）が入った「プルタッ」は、汁気を一切入れず炒めるように調理し、熱した鉄板に盛って食べる。直訳すると「火の鶏」という名前の通り、舌がしびれ頭がクラクラするほどの激辛味がマニア層をとらえて離さない。

醤油ベースで甘辛い安東チムタッ

安東チムタッは、鶏を醤油ベースで甘辛く煮込んだ料理。それでも食べているうちに、鼻の頭に汗が滲んでくる。隠し味はチョンヤンコチュ。安東地方の名家が生んだ料理と思われているが、1970年代後半、安東旧市場と呼ばれる市場で鶏を売る商人たちが、複数人で食べられる安くてボリュームのある料理として作り出したものだ。

スタミナをつけたい時に食べたい

タッペッスッ

[鶏肉の水炊き]

真夏の猛暑を乗り切るにはタッペッスッが一番だ。タッペッスッは、鶏をじっくり煮たスープにもち米とニンニクをたっぷり入れて炊いたお粥のこと。鶏の煮汁で炊くため、鶏の栄養素があますことなくスープに溶けこみ、味も栄養も満点の料理だ。

爽やかな渓谷で涼みながら食べるペクスク

昔の人は夏になると三伏の日でなくても日を決めて、親しい人たちといくらかずつ出し合って渓谷に出かけた。たまには暑さを忘れて日ごろの疲れを癒し、栄養補給でもしようというのだ。

ひんやりした谷間の水に足を浸してから、涼しい木陰にみんなで座ると、大きな鍋で炊いたタッペッスッが白い湯気を上げながら登場する。あら塩を付けて肉を食べ終わったら、水に浸けておいたもち米を入れてお粥を炊き、最後の一口まできれいに食べた。三伏の日に水辺でペクスクを食べる風習は現在も残っており、有名な渓谷には今もタッペッスッの店が並ぶ。

モチモチ香ばしいぜいたくな味、ヌルンジペクスク

ペクスクは、肉を食べ終わったらもち米を入れてお粥を炊いて食べるが、もち米をあらかじめ圧力鍋の底に敷き、その上に鶏をのせて炊くのがヌルンジペッスッだ。鶏のだしがしみ込んだヌルンジ（おこげ）はモチモチと香ばしく、もち米で作ったお粥より格段においしいとされている。

タッペッスッとサムゲタンの違い

サムゲタンは鶏に高麗人参、キバナオギ、栗、銀杏などの様々な薬材ともち米をつめて煮込んだもの。一方、タッペッスッは鶏に薬材をつめず、水から煮出したスープでお粥を炊いて食べる料理だ。

脂が落ちた淡白な味

ポッサム

[ゆで豚肉]

ポッサムは豚肉の臭みを茹でて消し、重石をのせてすっかり脂を落としたものを、チシャや白菜などで包んで食べる料理。白菜の内側のやわらかい葉に、セウジョッ（アミの塩辛）の汁につけた肉と、棒状に切ったダイコンと甘い栗を辛い薬味で和えたものをのせて、包んで食べる。

解毒作用に優れた豚肉

豚肉は、水銀や鉛などの公害物質を体外に排出する解毒作用に優れている。豚肉は脂肪の融点、つまり固まり始める温度が人の体温より低く、大気汚染や飲み水によって知らない間に体内に蓄積された公害物質を体の外に追い出すよう助ける。

豚肉は、大量のほこりを吸い込んだ人がかかる塵肺症の予防にも効果的だとされる。また、ビタミンＢ群が牛肉の５～10倍も含まれ、良質のタンパク質と栄養素が肌にツヤを与える。豚肉に多く含まれる鉄分は体内吸収率が高く、鉄欠乏性貧血の予防効果に優れていることが知られている。

長寿の秘訣

同じ肉でも直火で焼くより、ポッサムのように茹でて食べた方が健康に良い。沖縄には世界でも有名な長寿村がある。そこに住むお年寄りたちが好んで食べるのも、丁寧に脂抜きした豚肉を醤油で煮込んだ料理だと言う。韓国で長生きしているお年寄りに聞いても、やはり長寿の秘訣は豚肉だとのこと。

茹で肉を薄切りにしたスユッ

スユッ（水肉）は、茹でたブロック肉に重石をのせて置き、薄く切ったものを言う。

一般的に牛肉で作ったものをスユッと呼び、豚肉で作ったものをチェユッと呼ぶ。牛肉で作ったスユッは酢醤油や辛子酢醤油につけて食べ、豚肉で作ったものはセウジョッをつけて白菜キムチで包んで食べる。セウジョッやキムチには消化しにくい豚の脂を分解する成分が入っており、ポッサムとの相性は抜群だ。

夜食の友

チョッパル

[豚肉のしょうゆ煮]

セウジョッ（アミの塩辛）につけてチシャに包んで食べるチョッパル（豚足）は、愛飲家にも人気のおつまみ。小腹が空いた夜、一番に思い出すメニューだ。チョッパルならではのプルプルした食感は、関節内の軟骨を構成しているゼラチンによるもの。

モチモチした深い味わい

チョッパルといえばソウル市奨忠洞(チャンチュンドン)。40年以上前からチョッパル専門店が立ち並び始め、今では韓国最大のチョッパル通りとなっている。長い歴史をもつ店はたいてい名前に「元祖」が付いているが、この通りには「元祖」の文字の付いていない看板はないほど。チョッパルの達人と呼ばれるイ・ギョンスンさんは、朝鮮戦争の際に韓国に渡ってきた。彼女が古里で食べていた豚足料理と中国料理の五香醤牛肉を応用して作り出したのが、今のチョッパルの始まりだと言われている。戦争当時、韓国に渡って定着した人々が「平安道(ピョンアンド)チョッパル」という看板にひかれて店を訪れ、その他にも近隣にある奨忠体育館の観覧客や南山国立劇場に出入りする人々がここを訪れて有名になり、今のチョッパル通りが出来上がったという。最近では肌に良いという理由で、女性にも人気のメニューだ。生理活性物質のコンドロイチンが老化防止にも効くことが知られている。

産後に食べたいチョッパル

豚足は母乳の出を良くする。豚の足に含まれるタンパク質が母乳の質を高めるためだ。昔から産後に母乳の出が悪い時は、豚足の煮汁を飲んだ。だが、作るのに手間がかかり臭みもあるため、最近は代わりにチョッパルを食べる女性が増えている。

宮中で食べられたチョッピョン

牛の足を茹で、その茹で汁をゼリー状に固めた「チョッピョン」という伝統料理も、動物性タンパク質のゼラチンを利用した料理だ。作るのに手間はかかるが見た目が美しく、宮廷では昔から食べられていたと言われている。

不細工なアンコウの大変身

アグィチム

[あんこうの辛味蒸し煮]

アグィチムは、アンコウに薬味と野菜を加えて蒸し煮にした料理。プリプリしたアンコウの身はもちろん、辛い薬味の効いたセリや豆モヤシも食べ応えたっぷりだ。
アグィチム発祥の地である慶尚南道馬山（マサン）では、カチカチに乾燥させたアンコウが使われる。

1960年代半ばに始まるアグィチムの歴史

口が大きく体がぺちゃんこにひしゃげたアンコウは、人々に好かれない魚だった。その姿があまりに醜いために、網にかかっても捨てられたり肥やしに使われるたほどだった。網にかかってもその場で放り捨てられていたアンコウが、食べておいしい魚に生まれ変わるまでには、馬山の午東洞(オドン洞)でウナギ汁を出していたおばあさんの役割が大きい。どういう風の吹き回しか、何か作ってくれと漁師たちが運び込んだアンコウを、テンジャン、コチュジャン、ニンニク、ネギなどと一緒に蒸し煮にしてみたのだ。プゴ(乾燥させたスケトウダラ)を蒸し煮にする要領で作ってみたところ、意外にもプリプリした食感が一同を喜ばせた。

アンコウはもともと馬山の海でよく捕れたため、後に酒の肴としてメニューにのり始め、40年経った今、アグィチムは全国で食べられる珍味となった。

低脂肪でコラーゲンたっぷりの美容食品

見た目は悪くても、食べると意外とおいしいものがある。アグィチムが定番料理になると、アンコウの栄養成分について興味を持つ人も増えた。肌にハリを与えるコラーゲンが豊富なことが分かってからは、女性により人気の高いメニューになった。網にかかってもぞんざいに捨てられていたアンコウだが、今や馬山の名物という高貴な身分となり、午東洞にはアンコウ通りまで出来たほどだ。

フォアグラ*に勝るアン肝

馬山のアグィチム通りではアンコウスユクを味わうことができる。
プリプリのアンコウを茹でた淡白な味の料理だが、食べた人はアンコウの身よりコクのあるアン肝を絶賛してやまない。アン肝のフォアグラのような濃厚な味わいは、美食家たちの間で高く評価されている。

＊フォアグラ：フランス語で「肥った肝」という意味のフォアグラは、ガチョウやアヒルの肝臓、またはこれを材料としたフランス料理を指す。

海がまるごと入った

ヘムルチム

[海鮮の辛味蒸し煮]

使われる薬味や作り方はアグィチムとさほど変わらないが、ヘムルチムには海で捕れた様々な魚介類が入る。新鮮なワタリガニ、テナガダコ、イカ、エビ、イガイなどの貝類、エボヤなど、独特な味と香りをもつ材料が用いられ、海を丸ごと食べている気分になる。

エビの頭、イカの卵、スケトウダラの内臓も美味

ヘムルチムにたっぷり入っているエビ。エビはプリプリの胴だけを食べて、食べにくい頭は残す人が多い。だがエビのおいしさは、実は頭部に詰まっている。栄養分も同様だ。頭を捨てるのは、エビを半分しか味わっていないのと同じこと。頭も残さずしっかり食べたい。イカの卵、スケトウダラの卵や精巣である白子、口の中で弾けるエボヤなどは、絶対に逃したくないヘムルチムの醍醐味だ。

生活習慣病を予防する海産物

ヘムルチムは現代人の嗜好にぴったりの料理。それもそのはず、おいしくて健康にも良くなければならないという条件を全て満たしているためだ。魚介類はビタミンとミネラルを豊富に含む、高タンパクで低カロリーな食品。生活習慣病を予防しスタミナをつけるにはもってこいの食材だ。やわらかくさっぱりした味のタコと濃厚な味わいのイカには、疲労回復に優れたタウリンがたっぷり含まれている。また、ワタリガニに含まれるキトサンには脂肪吸着作用と利尿作用がある。

残り汁にはご飯を

ヘムルチムを食べ終えた後には濃厚なだしが残っている。そこに、みじん切りにしたセリやキムチとご飯を加えて炒めれば、締めくくりにぴったりのごちそうが完成する。ごま油や搾りたてのえごま油で香ばしさを生かすのがコツだ。

塩味と辛味がたっぷり効いた

カルチチョリム

[太刀魚の煮付け]

カルチチョリムは、鍋の底に甘みのある秋ダイコンやホコホコの夏ジャガイモを敷き、その上にタチウオ（カルチ）の切り身をのせ、辛口の薬味をまぶして煮たもの。臭みがなく淡白な味のタチウオはもちろん、味のしみこんだダイコンやジャガイモもまた絶品だ。

辛い薬味で煮込んだ淡白なタチウオ

1980年代までは、タチウオは年中食卓に上るありふれた魚だった。

身の厚い部分はあら塩をふっておき、焼いたり揚げたりして食べる。尻尾や頭に近い部分はダイコンやジャガイモを加えて辛く煮付ける。

だが、今ではあまりに高いことから、「金カルチ」とまで呼ばれる高価な魚になった。ソウル市南大門市場にある輸入専門店街に一歩足を踏み入れれば、辛味の効いた食欲をそそる匂いが漂ってくる。カルチチョリム通りだ。いびつな形に歪んだアルミ鍋で煮付けたカルチチョリムの汁は、ご飯に混ぜて食べてもおいしい。甘辛い薬味がぎゅっとしみこんだダイコンは、いくら食べても飽きない。そのため、通りはいつも客であふれかえっている。南大門市場のこの通りには、カルチチョリムの店が10軒以上並んでいる。長ければ40年、短くても20年という歴史を誇る店ばかりだ。

タチウオの上手な食べ方

食べ慣れた人たちは、タチウオの骨をどうやって取り除くのだろうか。まずは箸でタチウオの背びれと腹びれにつながっている骨を取り除く。そのためには、その骨の端の部分を箸で突いて、皮に切れ目を入れておくと良い。年配の人はこれをいとも簡単にやってのける。取り除いた小骨はきれいにまとめる。次はタチウオの身と背骨を分ける番だ。コツは、身が厚い方の切り口から、身と骨の間にそっと箸を入れて隙間をつくること。隙間ができれば、三枚に下ろすように箸を使って身をはがすだけだ。

アルミ鍋で煮た南大門市場のカルチチョリム

スパイシーな薬味で臭みもゼロ

コドゥンオチョリム

[さばの煮付け]

サバ（コドゥンオ）は今も昔も安くて身近な魚だ。サバは昔から「海の麦」と呼ばれてきた。麦に匹敵するほど栄養価が高いことから付いた名だ。
青魚であるサバには、脳の発達に大切な役割を果たすＤＨＡが豊富に含まれている。

肉厚で旨みもたっぷり

サバの名前にまつわる面白いエピソードがある。日本語の「サバ」を繰り返すと「サバサバ」になる。韓国では、自分の利益のために賄賂を渡すなど、裏でやましい事をしたりおべっかを使うことを「サバサバ」と表現する。これには次のようないきさつがある。植民地時代(1910〜1945年、日本が強制的に韓国を占領し殖民統治を行った時期)、人々はしばしば寸志と称してサバ２匹を役所に献上した。こうしてサバ２匹を賄賂として贈ることが続いた結果、韓国では「サバサバ」が相手に媚びることを意味するようになったと言われている。

ジャガイモ、ダイコン、ムグンジと相性抜群

コドゥンオチョリムには、醤油、コチュジャンにコショウをたっぷり混ぜた薬味を使う。魚の臭みを取るためのニンニクとショウガもふんだんに入れる。カルチチョリム同様、ダイコンやジャガイモを鍋の底に敷いてその上にサバをのせ、薬味をかけて煮る。特にジャガイモとの相性は抜群だ。最近はムグンジ(熟成キムチ)を底に敷き、テンジャンを混ぜた薬味をかけて煮たコドゥンオムグンジチョリムも人気を呼んでいる。

コドゥンオチョリムは臭みを取るのがポイント。

薬味にニンニク、ショウガは基本。ムグンジとテンジャンを加えれば味に深みが出る。

秋サバ

サバは秋から冬に捕れたものがおいしい。
産卵を終えた６月から越冬準備のために食べ続け、たっぷりと脂がのっているからだ。

高いのには理由がある

ウンテグチョリム

[銀だらの煮付け]

ウンテグ（ギンダラ）は脂が多いが、魚特有の臭みがなく、大トロのようにしつこくない。噛めば噛むほど味が出て、後味はさっぱりしている。

甘辛いコクが絶品のテグチョリムは、韓国人から特に愛されている魚料理だ。

５万ドルの価値がある魚

メロ（銀ムツ）と誤解されることが多いが、ギンダラはメロでもなくタラでもない。

ブラックコッド（black cod）、セーブルフィッシュ（sable fish）、バターフィッシュ（butter fish）、コールフィッシュ（coal fish）などと呼ばれ、アラスカ、ロシア、米国などの近海で漁獲制限のもとに捕れられる、値の張る魚だ。ギンダラはもともと米国と英国でよく食べられていた。当時は値段も安く塩漬けにしたものを焼いて食べていたが、日本をはじめ世界中でギンダラが食べられるようになってから、値段が急上昇し始めた。現在、天然物のギンダラを漁獲するライセンスを持っている人は世界でたった12人。オーストラリア・ニューサウスウェールズ州では、1984年からギンダラを絶滅危惧種に分類して漁獲を禁止しており、これに違反すれば５万ドルの罰金が課される。

プリプリの歯ごたえ、とろけるような美味しさ

脂の多いギンタラは、身がやわらかく崩れやすい。普通は冷凍状態で流通するため、焼き物や煮物、煮付けにして食べることが多いが、韓国では甘辛い煮付けが最も好まれる。

やわらかく素朴な味を好む日本の美食家は刺身や焼き物にして、カナダや米国では燻製にして食べる。ギンダラの養殖に成功した近年は、新鮮な刺身を食べることも可能になった。

ギンダラにはカルシウム、リン、鉄、カリウム、ビタミンなどの他にも、多量のオメガ3系脂肪酸が含まれているため、心筋梗塞や血液循環に効果的だ。

豆腐で作る定番おかず

トゥブチョリム

[豆腐の煮付け]

トゥブチョリムは、フライパンに油をひいて軽く焼いた豆腐に薬味を加えて煮たもの。ごま油の香ばしい香りを放ちながらトゥブチョリムが登場すると、肉料理でもないのに、キムチやナムルしかない寂しい食卓が一気に華やぐ。そのため、いつでも大歓迎の定番おかずだ。

豆腐の優れた栄養成分

タンパク質を40％も含む豆腐には、カルシウム、鉄分、マグネシウム、ビタミンB群などの重要な栄養素が豊富に含まれている。豆腐の原材料である大豆の黄色い色素のもととなるイソフラボンは、抗がん作用に優れた生理活性物質として近年脚光を浴びている。西洋でも豆の効能と豆腐の栄養価について認識が高まり、米国では大統領の食卓に欠かせない食材になっているという。

手軽に作れるおいしいおかず

手軽に作れる上、味も抜群のトゥブチョリムは、腕に自信のない主婦にも簡単に作れる。薬味を工夫すれば、様々な味の演出も可能だ。焼く時は油がはねないよう、水気をしっかり切るのがポイントだ。

豆腐を焼く時、片栗粉を薄くまぶすといっそう豊かな食感と香ばしさが楽しめる。

酒席の定番おつまみ

トゥブキムチ

[豆腐キムチ]

トゥブキムチは、アツアツの豆腐に、よく熟れたキムチや油で炒めたキムチを添えた料理。豆腐のタンパク質とキムチのビタミン、豆腐の素朴な味とキムチのスパイシーな辛味とが絡み合うトゥブキムチは、マッコリやソジュ（韓国焼酎）のおつまみにぴったりだ。

芸能人のダイエットの秘訣

１種類の食品だけを食べ続けるダイエットが危険なことは誰もが知っている。だが「豆腐だけは例外」と、ダイエットに成功した多くの芸能人が口をそろえる。豆腐こそが、少女マンガの主人公のようにすらりとした体型を目指す芸能人の必須アイテムだというのだ。アイドルグループ「スーパージュニア」のメンバー、シンドンは４ヵ月半で20キロのダイエットに成功した。その秘訣がトゥブキムチダイエット。役作りのために体重を激変させることで有名なソル・ギョングも、ひと月で14キロ減量した際、トゥブキムチをよく食べたという。お腹が空くとキュウリと豆腐でねばったというから、短期間のダイエットで最大の効果を得るには、豆腐が一番に違いないようだ。

白い豆腐と赤いキムチの絶妙なハーモニー

これといったおかずがない時、冷蔵庫にキムチと豆腐さえあればあっという間に作れるのがトゥブキムチだ。見栄えのいい大皿に盛れば、もっとも大衆的な食材が高級料理に大変身する。

豆腐の原料である大豆にはリジンと呼ばれるアミノ酸が含まれている。これは成長期の子どもにとって重要な栄養素だ。さらに豆腐は低カロリーでタンパク質が豊富なため、体力を落とさずスリムな体型をキープしたい人に最適な食品だ。

韓国の代表おやつ

トッポッキ

[もちの甘辛煮]

お餅をコチュジャンソースで真っ赤に煮込んだおやつがトッポッキだ。
辛いものは苦手な子供たちでさえ、トッポッキなら水を飲みながらでもおいしそうに食べる。
トッポッキは誰もが大好きな韓国屋台の代表おやつだ。

五方色を使った高級料理、クンジュン（宮中）トッポッキ

トッポッキはもともと辛い味付けではなかった。朝鮮王朝時代、宮中で作られたトッポッキは、牛肉、シイタケ、タマネギ、ニンジンなどと餅を醤油で煮付けたものだった。シイタケの黒、タマネギの白、ニンジンと赤唐辛子の赤、青唐辛子の青、黄身と白身に分けた錦糸卵の白で宇宙を象徴する五方色を盛り込みつつ、天然色素に代表される様々な栄養素を取れるよう作られた、科学的な料理だったのだ。

1950年代に登場したコチュジャントッポッキ

コチュジャンを入れて甘辛く煮込んだコチュジャントッポッキが初めて登場したのは、1950年代のことだとされている。本格的に流行し始めたのは1970年代に入ってからだ。空腹を満たすための庶民のおやつとして登場した初期のトッポッキは、高い米の代わりに小麦粉で作った餅を使ったものがほとんどだった。指ほどの太さの餅を使ったトッポッキは、練り物を使った韓国風おでんとともに、またたく間に大人気のおやつとなった。新堂洞（シンダンドン）にあるトッポッキ通りは、1970年代に今のような姿が形作られ始めたという。

美容に良いクンジュントッポッキ

クンジュントッポッキは肉や野菜を盛り込んだ、栄養面でも完璧な料理。ニンジンとタマネギに豊富に含まれるビタミンは造血作用を促し、美肌効果もある。

涙がちょちょぎれるほどの辛さ

ナッチポックム

[たこの甘辛炒め]

ナッチ（テナガダコ）は高麗人参に匹敵するほどのスタミナ食品。
ナッチポックムは、煮干しやアサリでだしをとったスープにナッチ、ネギ、タマネギ、青唐辛子、赤唐辛子などを入れ、コショウ、みじん切りにしたニンニク、砂糖、濃い口醤油、コチュジャンなどを混ぜた薬味を加えて炒めた料理だ。

ナッチ通りの伝説

ソウル市武橋洞(ムギョドン)にあるナッチ通りは、1965年に生まれた。そこで店を開くパク・ムスンさんは、ナッチポックム界の生きた伝説だ。ナッチがまだ安くて手に入りやすかった時代、パクさんは光化門郵便局の脇に辛い味付けのナッチポックムやさっぱりしたチョゲタン(貝鍋)、カムジャタン、パチョンを出す「シルビチプ」という店を開いた。ナッチポックムとマッコリがあれば十分なごちそうだった時代、涙を流さずには食べられないほど辛いこの店のナッチポックムは酒好きの人々を魅了し、やがて「ユジョン」「ミジョン」などの有名なナッチ専門店が出来たという。その後、パクさん流のナッチポックムは「ムギョドンナッチ」と呼ばれ、今日まで固有名詞のように使われている。

ナクチは高タンパク・低カロリーの栄養食品で、ダイエットや疲労回復に効果的な食べ物だ。カルシウム、リンなどの無機質の他に、強壮効果に優れたタウリンも多量に含まれている。

甘辛の薬味が決め手

オジンオポックム

[いか甘辛炒め]

オジンオポックムはさっと茹でたイカにコチュジャン、タマネギ、ニンニクの入った薬味を加え、強火で炒めた料理だ。ポイントは、辛さに慣れた韓国人でも汗を流すほどの強烈な甘辛味。プリプリして旨みたっぷりの代表的なイカ料理だ。

余す所なく使えるイカ

イカは捨てる所が一つもない。胴から足、内臓(わた)まで丸ごと食べられる。わたを使った鍋まであるほどだ。イカがよく捕れる鬱陵島(ウルルンド:慶尚北道に属する島で、韓国では済州島の次に大きな島)の人々は、イカ特有のコクのある味と香りを楽しむため、わたを取り除かず生きたまま蒸したイカをスライスして食べる。スルメは映画館の必須アイテムだ。徹夜で勉強する時も、スルメが一匹あれば長い夜も寂しい思いをせずに済む。オジンオプルコギも格別な料理として知られている。最近ではサムギョッサルと一緒に薬味で味付けしたオサムプルコギ、香り高く歯ごたえのあるツルニンジンがポイントのオジンオトドップルコギなども登場している。

イカ料理には種類豊富な野菜を入れると良い。イカはカルシウムよりリン酸を多く含む酸性食品であることから、アルカリ性の野菜と一緒に摂取するとビタミンA、Cが補えるためだ。中でもイカとキャベツを組み合わせると、排便を助けダイエットにも効果的だ。

元気がない時ふと思い出す

チェユッポックム

[豚肉甘辛炒め]

チェユッポックムは細切れにしたモクサル（豚肩ロース）を、ショウガをたっぷり入れたコチュジャンベースの薬味に漬け込み炒めたもの。1950年代までは醤油、ネギ、コショウなどで豚肉を炒めていたとされ、現在のような味付けのチェユッポックムはそれ以降に登場したものと見られる。

安くてボリュームたっぷりのスタミナ食

牛肉といえばプルコギ、豚肉といえばチェユッポックム。韓国人の頭に一番に浮かぶ料理だ。

チェユッポックムは、世界中の韓国料理店のメニューに必ずのっている。この辛い味付けの豚肉料理が、それほどまでに国籍を問わず多くの人々をとりこにしているのだ。豚肉にコチュジャンを加えると肉の臭みが消え、脂の多い肉質がいっそうやわらかくなる。豚肉の脂肪にはオレイン酸やリノレン酸などの高度不飽和脂肪酸が多く含まれ、熱過ぎない温度で炒めればよく溶けてほどよい舌触りになる。

豚肉に含まれるビタミンＢ１は牛肉の８～10倍で消化率も95％と高く、ご飯との相性も抜群だ。

ツヤが出る炒め方のコツ

豚肉を炒める時は、あらかじめ熱しておいたフライパンで薬味に漬けた肉を炒める。

ふたをせずに炒めることで肉と野菜の水分が飛び、水気が出るのを抑えることができる。火が強すぎると中まで火が通らないうちに表面の薬味が焦げてしまうため、火加減をうまく調節するのがポイントだ。漬けダレを少量残しておき、フライパンを火から下ろす直前に入れて再度手早く混ぜると、表面がしっとりしてツヤが出る。

ゴマの葉を加えて炒めると、独特の香りが生きてひときわおいしくなる。また、ニンニクを二等分にしてたっぷり加えてもおいしい。優れた殺菌効果と抗血栓作用のあるアリシンを豊富に含んだニンニクも、チェユッポックムに欠かせない材料だ。

豚肉は動脈内にコレステロールが蓄積するのを防ぎ、血管を丈夫にし、様々な成人病予防に効果的な食べ物だ。また、ビタミンB1は牛肉の10倍も含まれているとされる。

ナムル
[ナムル]

ナムルは世界的にも珍しい、韓食ならではの調理法だ。
ナムルは、材料に火を通さずに合える「生菜」と、
茹でたり炒めたりする「熟菜」に分けられる。
野山の山菜や野草で作ったナムルは、
体に良いビタミンと無機質がたっぷりの健康食品だ。

大自然の贈り物

ナムル

[ナムル]

ナムルとは、山菜や野菜をメインにしたおかず類のことで、食用として使われる野菜の総称でもある。材料にはほぼ全ての野菜やキノコ類、木の芽などが使われる。

ビタミンとミネラルの宝庫

西洋料理には様々なサラダがあるが、ナムルの種類とは比べものにならない。大根を千切りにして軽く炒めたムナムル、薄切りのキュウリを塩漬けして水気を切ってから炒めたオイナムル、ケンニッ（エゴマの葉）ナムル、コチュンニッ（唐辛子の葉）ナムルなど、「99種類のナムルさえ覚えておけば飢え死にする心配はない」といわれているほどだ。山の多い韓国では、豊かな自然のもとで育った数々のナムルがある。季節ごとに旬のナムルを食べ、野菜が育たない冬から初春にかけては、干しておいた野菜を水に戻して調理するため、韓国人の食卓には一年中ナムルが上る。炒め物や和え物にして食べることが多く、味付けには醤油、すりゴマ、ネギ、ニンニクのみじん切りが使われ、基本的に酢は使わない。

ナムルの炒め物と和え物

火を通して調理するナムルにはゼンマイ、ワラビ、キキョウの根、キノコ、シラヤマギク、干葉、キュウリ、朝鮮カボチャ、ナスなどがある。

作り方は、まず油を引いたフライパンで材料を炒め、醤油、ネギ、ニンニク、すりゴマなどで味付けする。細かく切って味付けしておいた肉と一緒に炒めると、コクが出てさらにおいしい。

茹でて和えるナムルにはホウレンソウ、春菊、セリ、モヤシ、大豆モヤシなどがある。茹でておいた材料をぎゅっと絞って水気を切り、ごま油、醤油、すりゴマ、ネギ、ニンニクなどを加えて和える。水気をしっかり切ることで、味が薄くなってしまうことを防ぐ。

九つに分かれた器に宇宙を盛り込む

クジョルパン

[8種のクレープ包み]

九つに仕切られた木製の器に野菜や肉など８種類の具材を盛り付け、中央に置いた小麦粉の皮で包んで食べる料理。九つに分かれた器に９種類の食材を入れることから、クジョルパン（九節板）と名づけられた。

指先から生まれる繊細な味

「中華料理は火さばき、日本料理は包丁さばき、韓国料理は手さばき」という言葉がある。指先から生まれた味、丹精込めて調理する母の思いを形にした料理がクジョルパンと言えよう。漆塗り、または螺鈿細工が美しくほどこされた器に、野菜や肉類からなる８種類の具材を盛り付け、中央にあるミルジョンビョン（小麦粉の皮）で包んで食べるクジョルパンは、まるで一つの芸術作品のように美しい。

肉、野菜、堅果類からなる豊かな風味

クレープ状の薄いミルジョンビョンに材料を包んで食べるクジョルパンは、箸使いが苦手な外国人には「絵に描いた餅」のように見えるかもしれない。そのため、外国人や箸に慣れていない人でも手軽に食べられるよう、皮に材料を包んだ状態で出される場合もある。クジョルパンは酒の席や茶菓膳にもよく用いられるが、酒席には生栗、クルミ、銀杏、ナツメ、松の実、ピーナッツ、干し柿などが、茶菓膳にはカンジョン（おこし）やチョングァ（正果：果物や根野菜の蜂蜜漬け）、タシッ（茶食：でん粉などを蜂蜜でこねたもの）、スッシルグァ（熟実菓：果物を蜂蜜で煮詰めたもの）などを彩りよく盛り付ける。

ミルジョンビョン作りは、まさにアートそのもの

ミルジョンビョンを作るのは、実はなかなか難しい。小麦粉と水を混ぜた生地を薄く焼き上げてから冷まし、仕切りにきちんと収まるように形を丸く整える。油を薄くなじませたフライパンで弱火で焼いて、串を使ってそっと持ち上げる。フランスの代表的な料理クレープに似ており、外国人にとっては馴染み深いものでもある。

作家パール・バックとクジョルパン

クジョルパンの美しさを語るときに欠かせないエピソードがある。アメリカの女性作家パール・バックが韓国を訪れたときのこと。食事のテーブルの真ん中に八角形の箱が置いてあり、漆黒の蓋を開けてみると、中はそれとは対照的な赤で塗られた九つの仕切りに、それぞれ９種類の料理が色鮮やかに盛り付けられていた。それを見て彼女は「このすばらしい芸術作品を壊したくない」と、最後まで箸をつけなかったと言う。

* パール・バック（1892～1973）：アメリカの小説家。処女作の長編『東の風・西の風』をはじめ、『大地』などが代表作。『大地』３部作でアメリカの女性作家としては初めてノーベル文学賞を受賞した。

低カロリーのダイエット食品

トトリムッ

[どんぐりこんにゃくの和え物]

トトリムッは水分が多く満腹感を得やすい反面、カロリーは低いためダイエットに最適の食品とされる。タンニンという苦味成分が含まれており、一度にたくさん食べることは難しいが、太り気味でダイエットが必要な人にはおすすめの一品。

戦時中に王様が食したトトリムッ

トトリムッの材料となるドングリは、新石器時代から食用として使われていた食材だ。これまで発見された新石器時代の住居からは、共通してドングリが出土している。ドングリの実が成るクヌギ（韓国名：サンスリ）にまつわる話がある。朝鮮時代に壬辰倭乱（文禄・慶長の役）が起こったとき、国王の宣祖*（ソンジョ）が難を逃れて向かった北方の地ではクヌギを「トリナム」と呼んでいた。戦時中で食べ物も不足していたが、それでも王様一行をもてなすため、村人はドングリでトトリムッを作って出したという。

ろくな食事ができなかった宣祖にとって、そのトトリムッはどんなご馳走よりもおいしく感じられたのだろう。宮殿に戻ってからも宣祖は戦争の教訓を忘れまいと、トトリムッを食膳に出すように命じたと言う。そしてトトリムッは水刺床（スラサン：王の食膳）に上る高級料理になった。ドングリが水刺床の料理に使われるようになってから、木の名前も「トリナム」から「サンスリ」に変わったと言われる。

涙で越えるパクタル峠の伝説

トトリムッが登場する古い歌謡曲がある。「涙で越えるパクタル峠」という曲だ。パクタル峠は忠清北道堤川市平洞里（チェチョン市ビョンドン里）にある峠で、パクタルとクムボンの切ないラブストーリーの舞台でもある。科挙*のために漢陽（現在のソウル）に向かっていたパクタルという男性は、一晩泊まるために立ち寄った平洞里でクムボンという女性と出会って恋に落ちる。二人は再会を誓い、パクタルは再び漢陽へ向かう。

しかし、長い月日が経ってもパクタルからは何の便りもなく、クムボンは恋の病で死に至ってしまう。科挙に失敗したパクタルが平洞里に戻ってきたものの、時すでに遅し。クムボンの死を知った彼は崖から身を投げてしまった。

一夜を過ごして漢陽へ向かうパクタルにクムボンが持たせたのが、他ならぬこのトトリムッ。実際にトトリムッは日持ちがよく、旅に出るときに重宝されたと言われている。

* 宣祖（1552～1608）：朝鮮王朝第14代国王。即位直後は人材を登用し国政刷新に努めたが、朝廷内の派閥党争が絶えず、王権が弱まってしまった。日本による侵略（文禄の役、1592～1598）で苦難を強いられた。

* 科挙：韓国や中国で官吏登用のために行われていた試験。

さくさくとした歯ざわりの爽やかな味

オイソン

[飾りきゅうりの甘酢がけ]

オイソンは本来、キュウリに挽き肉を詰めて煮たものに、冷ました出し汁をかけた宮廷料理だった。しかし、火が通ってやわらかくなったキュウリよりも、サクッとした食感とさっぱりとした味が楽しめるよう、最近では切れ目を入れたキュウリを軽く炒め、炒めた挽き肉と錦糸玉子などを挟んでから甘酢をかけたものが主流である。

さっぱりした甘酸っぱさは夏の珍味

宮廷料理の「ソン(膳)」は、キュウリや朝鮮カボチャ、ナス、豆腐、白菜、魚などに肉を詰めたり、混ぜて煮込んだ料理。中でもキュウリをメインにしたオイソンは、香りがよく緑鮮やかで昔から夏の珍味として愛されてきた。今ではキュウリに完全に火を通して食べることはほとんどないが、昔はキュウリ入りのコチュジャンチゲやチヂミ、蒸し料理が多かったという。鍋料理にキュウリを入れるとスープの風味が増し、独特の食感も楽しめる。オイソンは一口大で食べやすく、見た目にも美しいため前菜としてもよく使われる。

キュウリの美肌効果

キュウリは水分が95%とカロリーが低く、カリウムの多いアルカリ食品でビタミンCも豊富だ。中国ではキュウリを食べると美人になり、美人はキュウリの香りがすると言われることから、キュウリを懐に忍ばせていた女性もいたと言う。オイソンはキュウリに、炒めた肉、シイタケ、錦糸玉子まで入っているため、必須アミノ酸も補給できる栄養食といえる。

トゥブソンとオソン

朝鮮時代の宮廷料理によく登場したソン料理には、オイソンのほかにトゥブソンとオソンがある。
トゥブソンは、つぶして水気を絞った豆腐と鶏の挽き肉を混ぜて形を整えてから、千切りにしたシイタケ、イワタケを入れて蒸した料理。オソンは、薄切りにした白身魚に、牛肉や野菜を炒めたものを包んで蒸し上げる。

母の愛情がたっぷり込められた

チャッチェ

[野菜と春雨の炒め物]

茹でた緑豆春雨にホウレンソウ、ニンジン、キノコ、肉、タマネギなどを混ぜ合わせたチャッチェは、いつどんな時にも喜ばれる人気メニュー。プルコギ、牛カルビ、ピビムパッとともに、外国人にも人気のある韓国料理だ。

おめでたい日に欠かせない料理

チャッチェは宴の席に欠かせない料理の一つ。誕生日、結婚披露宴、還暦祝いなどには必ずチャッチェが出される。17世紀、朝鮮時代第15代国王の光海君（クァンヘグン）の時代、宮中の宴で初めて登場したといわれる。光海君*が寵愛した李沖（イチュン）という人物は、特別な料理を進上していたが、どの料理もおいしく、王は食事のたびに彼が届ける料理を待っていたという記録がある。その中でも光海君が最も気に入っていた料理がチャッチェだった。

今とは違って緑豆春雨は入らないが、様々な材料を千切りにして炒めてから、出し汁をかけ、山椒、コショウ、ショウガの粉をまぶして風味を出したという。出し汁はキジ肉を煮込んだスープにテンジャン（韓国味噌）と小麦粉を溶かしてとろみをつけたものだった。

春雨がない昔のチャッチェ

チャッチェ（雑菜）の「雑」は「混ぜる、集める、多い」という意味、「菜」は野菜のことである。つまりチャッチェは、様々な野菜を混ぜ合わせた料理という意味だ。緑豆春雨が使われたのは1919年に黄海道沙里院（ファンヘド・サリウォン）に春雨工場ができてからのことで、本格的に使われ始めたのは1930年以降だという。

* 光海君（クァンヘグン、1575～1641）：朝鮮王朝第15代国王。文禄の役が起きたとき、日本軍への攻防で功績を上げ、戦後は大北派（光海君を推す勢力）に支持され王に即位したが、仁祖反正によって王位を奪われ、流配地の済州島で最期を迎えた。

チャプチェを一度にたくさん作る場合、春雨はあらかじめ茹でて置くとのびてしまうため、熱湯に浸しておいたものを炒めて使うこともある。

派閥争いを抑えるために王様が考え出した料理

タンピョンチェ

[ところてんの和え物]

タンピョンチェは緑豆のでん粉をゼリー状に固めたチョンポムッに、炒めた牛肉、茹でたセリ、焼き海苔などを混ぜたもので、チョンポムッムチムともいう。漢字では「蕩平菜」と書き、どちらか一方だけに偏らないという意味の「蕩蕩平平」に由来する。この蕩平菜の誕生には朝鮮王朝の悲話が秘められている。

王道蕩蕩、王道平平

チョンポムッの黄緑がかった白、炒めた牛肉の赤、セリの緑、海苔の黒は、それぞれ朝鮮時代に権力を握っていた両班の党派である西人、南人、東人、北人を表す。タンピョンチェが登場した時期には西人が政治を牛耳っていたため、主材料に白いチョンポムッが使われた。朝鮮時代第21代国王の英祖(ヨンジョ)の生母は、宮廷の下人の中でも地位が一番低い「ムスリ」出身だった。英祖は腹違いの兄・景宗(キョンジョン)を毒殺したと疑われる中で王に即位したが、景宗を支持していた少論(ソロン)派は、英祖の正統性について事あるごとに疑問を投げかけた。そんな中、よりによって英祖の息子・思悼(サド)世子が少論と近い関係だったことが不幸の始まりだった。息子が王の座を狙っていると誤解した英祖は、思悼世子をディジュ*(米びつ)に閉じ込め死に至らせた。後になって悔やんでも後悔先に立たず。英祖は息子の死を招いた自分の罪を悔やみ、党派を問わず人材を登用すると宣言し「蕩平策」を打ち出した。「蕩平」とは『書経』*の「王道蕩蕩王道平平」の一節で、党派の権力争いに振り回されまいという意志が込められている。そして英祖は「蕩平菜」と名づけた料理を臣下に与えることで、その旨を知らしめた。

五方色の完璧な調和

韓国料理は五方色を用いた料理と言われる。五方色とは黄・青・白・赤・黒のことで、陰陽の気運が生まれ天地になり、木・火・土・金・水の五行を生み出したという陰陽五行思想に基づく。また、中央と東西南北の方角を表してもいる。韓国では料理に五色の材料を用いることで五方色を再現したものが多く、ピビムパッやタンピョンチェが代表的である。

* ディジュ：米や豆、小豆といった穀物を入れる櫃(ひつ)のこと。

* 『書経』：古代中国の経典で、儒教の五経の一つ。

辛味・酸味・甘味の調和

ヘパリネンチェ

[クラゲの冷菜]

ヘパリネンチェはコリコリしたクラゲと様々な野菜に、韓国伝統の辛子ソースをかけて食べる料理。酢と砂糖が効いた甘酸っぱさに、辛子ソースのつんとした辛味がマッチして食欲をそそり、前菜としても愛されている一品。

料理の腕が試されるヘパリネンチェ、おもてなしの人気メニュー

ヘパリネンチェは少量ずつ食べるのがコツだ。口いっぱいに頬張ると、辛味のきいた芥子ソースに鼻がつんとして、思わず顔をしかめてしまう。大切なお客さまのもてなしにも、ヘパリネンチェは欠かせない。高級食材でもあるコリコリした食感が特徴のクラゲに、様々な野菜を細切りにして繊細に美しく盛り付ける、主婦の腕前が試される一品でもある。

ダイエットにも効果的なヘルシーフード

クラゲは種類が多いものの、食用は限られている。食用クラゲは韓国、日本、中国の沖で主に捕れ、中華料理にも多く用いられる。クラゲ独特のヌルヌルした成分はムチンとよばれるもの。このムチンは、タンパク質と糖質が結合したコンドロイチン硫酸という物質でできており、皮膚や軟骨、血管などに含まれる成分でもある。身体組織の水分を保持する働きをし、肌や血管、臓器の弾力性を高める効果がある。また、低カロリーのクラゲは便秘にも優れた効能があり、肥満や肌荒れに役立つダイエット食品としても人気がある。

ヘパリネンチェのおいしい食べ方

ソースが満遍なくからまるように混ぜながら食べると良い。ソースがなじんだ部分から先に食べると、最後までおいしく食べられる。

クイとチョン

[焼き物, チヂミ]

西洋料理で焼き物といえばステーキやバーベキューが代表的だが、
韓国料理におけるクイは、多彩な材料にさまざまな調理法を用いる。
そのまま素材を生かして焼くこともあり、味付けも材料によって千差万別である。
なかでも、カルビクイは外国人にも人気のある代表的なメニューといえる。
また、油を少量だけ使って焼くチョン（チヂミ）類は、
揚げ物に比べてカロリーも低く、誰もが親しめる健康食だ。

甘く味付けして炭火で焼いて食べる

ソカルビクイ

[牛カルビ焼き]

肉質のやわらかい牝の仔牛のカルビは、ソカルビクイの中でも最高級とされる。昔は伝統的な「朝鮮醤油」で味付けしたが、最近は若干甘味のある市販の醤油に塩を入れて味付けしたり、「セン（生）カルビクイ」はそのまま焼いて食べたりする。

ボリューム満点の水原カルビ

真っ赤に焼けた炭火に焼き網をのせて焼くソカルビクイ(牛カルビ焼き)の魅力は、何と言っても香ばしさを引き立てる炭火にある。軽くあぶる程度で焦げないように焼くのがコツだ。味をしっかり染み込ませるためにも、肉の包丁の入れ方が大事なポイント。骨つきの肉の塊に包丁を入れ、手際よく開きながら表面に切り込みを入れる作業は、長年の熟練を要する。

カルビクイで有名な街は、京畿道水原(スウォン)。1940年代に水原市八達区(パルタル区)にある栄洞(ヨン洞)市場に開業した「ファチュンオク」が元祖とされるが今はなく、秘伝の味だけが伝えられている。醤油ではなく塩で味付けし、梨のおろし汁で甘味を出したのが特徴だ。水原カルビは斧で切り落とし、大人の手のひらサイズと大きく、両側の肉を使っているためボリュームも満点である。

海雲台カルビと二東カルビ

釜山の海雲台(ヘウンデ)もカルビの本場として有名なところ。ここでは焼き網の代わりに鉄板に味付けカルビ肉を重ねておき、次々と焼きながら食べる。肉からしみ出た汁にご飯を混ぜて食べると絶品だ。

軍部隊の集まる京畿道抱川(ポチョン)には、休暇を取って部隊から出てきた息子においしいカルビを食べさせようとする母親向けに、ボリュームたっぷりで安い「二東(イドン)カルビ」という一風代わった焼肉店が多く登場した。

特別な日に食べる外食メニュー1位

高価なソカルビクイは、いつでも気軽に食べられる料理ではない。外食メニューの定番になったのも、経済が成長して家計に余裕が出てきた1980年代からのことだ。この頃からソウル郊外には「○○ガーデン」「○○公園」と名づけたカルビクイ専門店が登場した。

味付けした挽き肉を骨にくっつけて焼いた料理

トッカルビ

[粗挽きカルビ焼き]

トッカルビは宮廷で王様が食していた高級料理。牛挽き肉を整えた形が餅（トッ）に似ていることからつけられた名前だ。いくらおいしいとはいえ、王様が骨付きカルビにかじりつくのは様にならないため、食べやすく考案されたと言われているが、作るにはひと手間かかる料理だ。

宮女と島流しにされた両班が伝えた宮廷料理

カルビが嫌いな韓国人はまずいない。しかし子どもや歯の弱いお年寄りにとって、硬い肉にかじりつくのは簡単ではない。そんな人たちに喜ばれるのがトッカルビだ。宮廷料理に由来するトッカルビだが、今は京畿道の広州(クァンジュ)や楊州(ヤンジュ)、全羅南道の潭陽(タミャン)と和順(ファスン)の郷土料理として有名だ。

朝鮮後期、宮女によって伝えられたと言われる京畿道のトッカルビは、形が広くて平べったい。挽いたカルビ肉を味付けし、再び骨にくっつけて焼くと歯ごたえも格別だ。全羅南道のトッカルビは島流しにされた両班たちによって伝えられたが、中でも約650年前に老松堂・宋希璟*(ノソンダン・ソンヒギョン)が伝えた潭陽のトッカルビが最も有名だ。

骨に付いた牛肉だけを使ったトッカルビは、炭火で焼いてこそ独特の風味が楽しめる。

上質なカルビ肉とまろやかな味付け、炭火の香りの調和

全羅南道光州市(クァンジュ市)の松汀(ソンジョン)近くには、牛肉と豚肉を半分ずつ混ぜたトッカルビが味わえるトッカルビ通りがある。その歴史は、1950年代にチェ・チョジャというおばあさんがトッカルビとピビムパッをメニューにのせたときに遡る。当時、松汀には牛市と屠畜場があり、肉の仕入れもしやすく、安価でおいしいトッカルビを提供できた。梨、昆布、ハチミツなど20種類以上の材料を入れ、粘りが出るまで手でしっかりとこねながら、味を満遍なくなじませるのがコツ。炭火で焼くときは特製ダレを塗りながら、じっくり焼くのがポイントだ。

* 老松堂・宋希璟:朝鮮王朝時代、世宗大王代の1420年に回礼使として日本に渡り、朝鮮の対馬征伐(応永の外寇)について正当性を訴えた。日本側から明の年号を捨て日本の年号を使うように強要されたが、最後まで拒絶し、将軍・足利義持を感服させたという。

気軽に楽しめる庶民的な料理

テジカルビクイ

[豚カルビ焼き]

テジ（豚）カルビクイは牛カルビよりも手ごろで、肉質もやわらかいため気軽に食べられる料理だ。ショウガ汁とコショウで豚肉特有の臭みを消したテジカルビクイを、鉄板でジュージュー焼いて食べる姿は、外国人にとっても印象的な光景である。

ドラム缶のテーブルに炭火を入れて、煙を立てながら食べるテジカルビクイ

テジカルビの店は韓国どこにでもあるが、中でもソウルの麻浦(マポ)にあるテジカルビ通りが最も有名だ。1950年代まで麻浦の渡し場には船が出入りし、漢江(ハンガン)を下って運ばれた木材や穀物は麻浦から都心に入ってきた。そのため、この地域には製材所や穀物倉庫が多く、製材所で働く人たちは1日の仕事を終えて、ほこりを吸い込んで痛めた喉を癒すために、豚肉料理にマッコリを出す居酒屋に立ち寄っていた。しかし、貨物の輸送手段が船から鉄道に変わり、渡し場が姿を消した1960年代からは、周辺のサラリーマンや商人が仕事帰りに立ち寄ることが多くなった。

焼き網を1枚のせたただけのドラム缶に、背もたれのない小さな椅子でも、香ばしく焼けるテジカルビさえあれば不便さも気にならない時代だった。

チシャとエゴマの葉、生ニンニクで栄養満点

テジカルビクイの付け合せは、今も昔も変わらない。チシャやエゴマの葉に肉と唐辛子、サムジャン、生ニンニクを包んで食べたり、鉄板にのせたごま油入りの小皿でニンニクを焼いて食べたりする。テジカルビの味は、味付けにかかっている。テジカルビクイは1～5番目のあばら骨の部位を使うが、臭みを消すためにはしっかりとした味付けがポイントになる。醤油ダレに漬けておいたテジカルビを生野菜と一緒にバランスよく食べるのも、西洋の肉料理とは異なる点である。

韓国人が一番好きな肉料理

プルコギ

[韓国式すき焼き]

プルコギは、薄切りにした牛肉にタレを絡めて焼き網で焼いて食べる料理である。
昔は「ノビアニ」と呼ばれていた。これは宮中やソウルの両班家で使っていた言葉で、断面が広がるように薄切りにした肉を言う。好みによって軽く火を通したり、しっかり焼いて食べたりする。

由来は高句麗の貊炙

韓国の焼肉は「貊炙（メッチョッ）」に由来する。「貊」とは中国の東北地方を指し、昔は高句麗を意味していた。貊炙は肉の串焼きのことで、焼き網が登場してからは串を使う必要がなくなり、現在のようなプルコギになったと言われる。

肉をタレに漬けてから焼いて食べる料理は、世界でもプルコギだけ。中国にも似たような料理があるが、事前に浸けておくことはせず、食べる前にタレを絡めるかそのまま焼いて食べる。

甘い煮汁は“ご飯どろぼう”

プルコギは醤油やハチミツ、ネギとニンニクのみじん切り、コショウを混ぜたタレに肉を漬け込んでから食べる。そのタレは甘味が特徴だ。今のように外食メニューが豊富でなかった時代には、特別な日や会食の席でプルコギは定番メニューだった。鉄板のプルコギが煮立つと、大人たちは肉を肴に焼酎を飲み、子どもたちは甘い煮汁にご飯を混ぜて食べた。

米オバマ大統領の大好物

プルコギは、昔からおもてなし料理としても愛されてきた。韓国を訪れる外国人もプルコギはお気に入りの様子で、大の韓国料理好きとして知られる米オバマ大統領もプルコギが大好物だという。

肉よりスープが絶品

トゥッペギプルコギ

[土鍋プルコギ]

韓国式土鍋トゥッペギにプルコギと水を入れて煮込んだ料理。じっくり煮込んだ肉は柔らかく、旨味が溶け込んだ肉汁は食欲をそそる。甘い煮汁でご飯が食べたいとき、一人で鉄板でプルコギを焼くのがためらわれれるときは、手軽に作って気軽に食べられるトゥッペギプルコギが一番だ。

テーブルで味わうアツアツのトゥッペギ

トゥッペギはとても便利な道具だ。直火にかけられ、アツアツの状態で食卓に置くことも可能だ。また一度熱すると冷めにくく、最後まで温かいまま食べられる。トゥッペギという器にはどんな料理も盛ることができるのだ。

ソルロンタンやカルビタンはもちろん、テンジャンチゲ、キムチチゲ、ユッケジャンもトゥッペギで調理できる。しかし、これらの名前に「トゥッペギ」がつくことはない。トゥッペギプルコギだけが例外なのだ。

一人でもおいしく食べられるプルコギ

20～30年前まで、プルコギは主に鍋料理として食べることが多かった。鉄板のくぼみに野菜を盛り付け、周りに味付けした肉を並べて煮立てながら食べた。つまり現在のようなドーム型とは形が正反対だったのである。

真ん中のくぼみに野菜の旨味がしみ出た煮汁が溜まり、ご飯に混ぜて食べると、思わずおかわりせずにはいられないほど。煮汁だけでも、プルコギの味を十分堪能できた。

ところが月日が流れ、人々の好みも煮汁に混ぜたご飯から肉へと移り、やがて焼肉店の鉄板のくぼみもなくなってしまった。

しかし、食材の旨味が溶け出した煮汁の味が忘れられない人が多かったのだろう。トゥッペギでプルコギを煮るという方法が考え出されたのだ。特にお年寄りや子どもに人気のあるトゥッペギプルコギだが、プルコギは食べたいものの一人では食べづらいという人でも気軽に食べられるのがうれしい。

韓国固有の器であるトゥッペギは今日まで広く使われている。大きさや形も様々なトゥッペギは冷めにくいという長所もあり、冬場はチゲなどの温かい料理を盛るのに丁度良い。

軽くあぶった肉で野菜を包んで食べる

セゴギピョンチェ

[牛ローススライス]

セゴギピョンチェは、牛肉のサーロインを燻製にしてから冷凍し、若干解凍させてからスライスして出す夏の料理。脂身の少ない赤身を使うため淡白で、野菜をたっぷり包んで食べるため口当たりもさっぱりしていて、いくらでも食べられる。

外国人に喜ばれる前菜

韓国で食べた料理でセゴギピョンチェが一番印象的だったと答える外国人が意外と多い。くせのない味ということもあってか、抵抗なく受け入れられているようだ。

表面だけを軽くあぶった肉は一見するとユッケのようだが、スライスした肉を新鮮な野菜で包んで辛子ソースに付けて食べるため、見た目よりもあっさりしていて食べやすい。大皿に薄切りにした肉を並べ、中央に野菜をたっぷりと盛り付けた、目にも楽しい一品。

もち米粉をまぶして焼くロースピョンチェ

セゴギピョンチェは、焼きたての温かい肉を使う場合もある。スライスした肉に塩コショウして、もち米粉をまぶしてフライパンで焼き上げる。野菜の千切りを、焼いた肉で巻いて甘酸っぱいソースで食べるため、脂っこさもなくさっぱりとした風味が楽しめる。

硬い肉でも、もち米粉をまぶして焼くとやわらかくなるところがポイント。油も少なくて済み、肉の栄養と味が閉じ込められ、肉本来の旨味を堪能できる。

セゴギピョンチェにはエゴマの葉

セゴギピョンチェは様々な野菜と一緒に食べるが、肉の味を引き立てるのは何と言ってもエゴマの葉だ。

エゴマの葉は韓国で多く使われる葉野菜だが、抗酸化の働きをするアントシアニンという色素が多く含まれている。また抽出物は炎症を防ぎ、アレルギーの予防効果も知られている。

今も昔も大勢で集まったときの王道メニュー

サムギョッサルクイ

[豚の三枚肉焼き]

サムギョッサル（豚三枚肉）は、赤身と脂身が交互に3層になっていることから名づけられた名前。豚ばら肉のことで、韓国人が最も好きな部位である。全世界のサムギョッサルは韓国人が食べつくしているという笑い話まであるほどだ。そのため、豚肉の中でサムギョッサルの値段が最も高いのも韓国である。

韓国人のサムギョッサル好きは世界一

韓国人のサムギョッサル消費量は想像を絶する。大人１人が平均４日に１度はサムギョッサル１人前を食べるという統計まである。サムギョッサルを食べる「サムサム・デー」があって、ほこりをたくさん吸い込んだときにサムギョッサルを食べると、喉についたほこりが押し流されるという話がまことしやかにささやかれているのも韓国だ。これは黄砂が吹き荒れる春にサムギョッサルの消費が増えることからもよく分かる。

サムギョッサルの始まりは？

豚肉で最も嫌煙される脂身。これを一番おいしい部位、つまりサムギョッサルとして売り出したのは、昔から商売上手だと言われる開城（ケソン）でのこと。改良された西洋品種の豚を飼育しながら、サムギョッサルの作り方を考え出した。豚は雑食性なので残飯飼料でもよく育つと言われ、済州島では便所に豚小屋を作り、汚物を飼料として使っていたほどである。ところが、商売上手な開城の商人は、豚に食物繊維の豊富な粟を食べさせてから、栄養価の低い飼料に変えることで、脂身と赤身が交互に層を成すサムギョッサルを作り出した。

サムギョッサルクイに流行あり

1990年代初めにはソットゥッコン（釜の蓋）サムギョッサルが流行り、その後は１人前の値段が一般的な麺料理よりも安いテペ（カンナ）サムギョッサルが人気を集めた。1990年代後半には、きな粉サムギョッサル、2000年代からはワイン熟成サムギョッサル、茶葉の粉をかけて脂っこさを抑えた緑茶サムギョッサルが流行っている。

日頃の食卓に欠かせない

センソンクイ

[焼き魚]

センソンクイ（焼き魚）さえあれば、立派な1食になるのが韓国人の食生活。焼き方も色々あるが、塩だけをまぶして焼くか、醤油ダレを塗りながら焼くのが最も一般的だ。センソンクイの中でも韓国人が一番よく食べるのは、クルビ（干したイシモチ）とサバである。

食欲のない夏場は、水に入れたご飯に焼きクルビ

クルビは塩をふったイシモチを干したもので、淡白で甘味があるのが特徴だ。全羅南道霊光（ヨングァン）でしか捕れない法聖浦（ポッソンポ）クルビが最も高級品とされる。イシモチを稲わらで結って吊るしておくと、干している過程で自然と形が曲がる。その形からクビチョギ（曲がったイシモチ）と呼び、それが転じてクルビになった。

クルビは何と言っても夏場に食べるものが一番おいしい。焼いたクルビの身を裂いて、ごま油入りのコチュジャンで食べるか、水にご飯を入れてクルビを一切れのせて食べると、他のおかずは要らない。

山奥の安東生まれのカンコドゥンオクイ

内陸に位置する慶尚北道安東では、サバを盈徳（ヨンドク）の江口（カング）港から取り寄せて食べていた。いくらサバがたくさん捕れるとは言え、遠い山道を走って安東までたどり着くには二日以上もかかった。冷凍設備もなかった時代、魚の腐敗を防ぐために塩を多めにふって運んだのだが、いざ焼いて食べると、塩がほどよく効いて生のサバとは比べものにならないほどだった。そうして生まれたのが安東のカンコドゥンオ（塩サバ）である。熟成過程で発生する酵素に塩が加わり、サバの旨味が引き出される。いつしか安東の名物となり、ここを訪れた人は誰もがカンコドゥンオを食し、それが人づてに広がっていった。今では「安東カンコドゥンオ」というブランドまで登場し、全国的な人気商品になっている。

三方を海に囲まれた韓国は、季節ごとに多彩な魚が食卓に上る。春にはイシモチ、夏はカンコドゥンオ、秋は太刀魚、冬にはニシンの焼き魚がよく食べられる。

冬空と風が作り出した味

ファンテクイ

[スケトウダラの辛味焼き]

ファンテクイとは、スケトウダラの干物（ファンテ）を開いて骨などを取り除いてから適当な大きさに切り、コチュジャンソースを塗って焼いた料理。寒い冬の珍味とされ、ご飯のおかずとしても、焼酎の強さを和らげるおつまみとしても人気がある。

皮まで丸ごと食べるスケトウダラ

スケトウダラは韓国人にとって特別な意味がある。韓国人のご利益信仰と密接な関係があり、今でもその風習が残っている。例えば、スケトウダラを干したプゴを糸で縛って、引っ越した家や開業した店に吊るしておく光景をよく見かける。また、プゴは先祖への祭祀の供え物として欠かせないものでもある。

スケトウダラは捨てるところがない。目玉は焼いて酒のつまみに、皮は蒸して野菜などを包んで食べる。

冷たい北風に凍っては溶けるファンテ

ファンテは冬に干したスケトウダラのこと。しかし、そのまま干すわけではない。様々な条件が整っていないと、なかなか作れないのがファンテなのだ。真冬に氷点下10度以下の山間で、凍っては溶け、溶けては凍る過程を何度も繰り返して作られるからだ。

内臓を取り除いたスケトウダラを、北風が吹き荒れる中で40〜90日間干す。すると、夜は凍り昼は溶けることを繰り返し、徐々に乾いていく。この過程で身が膨らんだり縮んだりして、黄色いファンテに変身する。

解毒作用に優れたファンテ

ファンテは解毒作用に優れ、肝臓を保護すると言う。そのため、韓国では昔からファンテを使ったスープを飲むと、二日酔いが覚めると言われる。実際にファンテを食べると力が沸いてきて、体が軽くなったという人が多い。

山青し水清し、春川の名物

チュンチョンタッカルビ

[鶏肉の辛味鉄板焼き]

コチュジャンソースに漬けておいた鶏肉と各種野菜を大きな丸い鉄板で焼いて食べる春川（チュンチョン）タッカルビ。もともとはマックッス（そば冷麺）と並ぶ春川の代表的な郷土料理だったが、今では全国的に広がり、懐の寒い大学生たちの人気メニューになった。

豚肉を越えた鶏肉の華麗な変身

タッカルビの由来については、いくつかの説があるが、1960年代初めに春川中央路(チュンチョンチュンアンノ)で豚肉料理屋を経営していたキム・ヨンソッさんが考え出したというのが、ほぼ定説になっている。

また、タッカルビの発祥地であることをはっきりさせるため、春川市ではその旨を歴史の一部として公式的に記したほどだ。キム・ヨンソッ氏夫妻は、ある日豚肉が売り切れてしまい、近所から取り寄せた鶏二羽を豚肉と同じ要領で料理した。鶏肉をテジカルビのように焼いてみたところ、これがなんともおいしかったと言う。その後、甘めのタレに鶏肉を漬けて、テジカルビのように焼いて出したところ、お酒との相性もぴったりと人気を集めるようになった。

値段もお手頃なタッカルビ

おいしくてボリューム満点、値段もリーズナブルというのが、タッカルビ店の売り文句である。

現在は様々な野菜も一緒に楽しめる栄養食として人気があり、外国人にも愛されている。春川タッカルビは、食べやすい大きさに切った鶏肉をタレに絡めて７～８時間ほど寝かしてから、熱した鉄板に油をひいてブツ切りのキャベツ、サツマイモ、ニンジン、餅、エゴマの葉と一緒に焼いて食べる。モチモチした餅の食感が好きな人、甘くてやわらかいサツマイモが好きな人など、好みも人それぞれで、ほとんどの店ではこれらの追加メニューも用意されている。

鶏肉は美肌と骨粗しょう症に効果的な食べ物。豊富なタンパク質が脳の働きを促し、必須アミノ酸が脳神経伝達物質の活動を活発にすることで、ストレスの蓄積を防いでくれる。

お酒好きにはたまらないコリコリの食感

コッチャンクイ

[牛もつ焼き]

コッチャン（ホルモン）は「曲がった臓」のことで、「コッ」は「曲がる」という意味。コッチャンにはソコッチャンとヤンコッチャンがあり、それぞれ牛の小腸と第1胃を指す。
牛は胃が四つあり、第1胃がヤン（ミノ）、第2胃がポリャン（ハチノス）、第3胃をチョニョッ（センマイ）、第4胃がマッチャン（ギアラ）である。

コッチャンクイは最高級料理

おいしいコッチャンクイの秘訣は、丁寧な下処理で臭みを取ること。タマネギのおろし汁に漬けて冷蔵庫に２～３時間入れておくと、肉質がやわらかくなって臭みも消える。昔は高価な肉に手の届かない庶民がよく食べていたこともあり、コッチャンクイの店も粗末で小汚いところが多かった。しかし、今ではすっかり状況が変わり、値段も肉より高い。そうした流れで、コッチャンクイ店のインテリアもモダンで洗練された雰囲気に変わってきている。外は香ばしく、中からはジューシーな肉汁がしみ出るように焼くのがコツ。

お酒と相性抜群のコッチャン

コッチャンは虚弱体質の人が食べるとスタミナがつき、産後の回復にも効果がある。高タンパク・低カロリー食品で、胃腸を保護し、アルコール分解にも優れている。そのため、酒の席が多い人にとっては欠かせないメニューでもある。

コプチャンは高タンパク食品。コレステロールさえ注意すれば、他の肉類に比べて鉄分やビタミンが豊富なため、病後の回復や気力の衰えを補う栄養食にもなる。産後の回復にも特効がある食べ物として知られている。

美と健康の秘訣

オリクイ

[鴨肉焼き]

鴨肉には優れた栄養価があり、病み上がりや術後の回復にも良いと言われる。最近はコラーゲンが豊富なことから美肌効果が知られ、若い女性の間で美容食として支持されている。

食べても太らない不思議なオリクイ

実のところ、これまで韓国で鴨肉が食用として重宝されたことはなかった。鶏肉のように淡白な旨味があるわけでもなく、下ごしらえを間違えれば独特の臭いがして食べにくいからだ。しかし、最近になって状況が逆転した。

様々な効能があって免疫力の向上にも役立つことが知られており、特に毒性の強い硫黄を食べて育った「ユファンオリ(硫黄鴨)」の効能が伝えられてからは、供給が追いつかないほど大人気だ。

鴨肉は体内に蓄積されない不飽和脂肪酸が45%と、他の肉類よりも高い。つまり、いくら食べても太る心配は無用ということだ。オリクイは高タンパクで低脂肪、肉質もやわらかくてシコシコとした歯ごたえが絶品で、今では鶏の丸焼きよりも高級料理とされている。

独特な風味の焼き物

焼き物の最も原始的な料理法は、200〜300度で過熱調理する方法だ。鴨肉焼きはこのような高温で過熱されるため、水を加えて煮る料理とは仕上がりが全く異なる。高温で加熱した場合、鴨肉の表面組織に脱水が生じ、肉の旨み成分が濃縮する。そこへ加熱過程で炭火などの薫煙が加わり、独特の風味が生まれる。

山のエネルギーを含んだ香り高い根菜

トドックイ

[つるにんじんの辛味焼き]

ツルニンジン（トドッ）の香りは遠くからもすぐわかる。「山に降りる露で育つ」といわれ、甘くて強い香りがするからだ。食物繊維が豊富で歯ごたえも良いことから、「山の肉」に例えられる。中国では主に薬草として使われているが、韓国では様々な料理に用いられる。

トドッは医食同源の代表格

天然のツルニンジンは、昔から山参（サンサム：山に自生する高麗人参）並みの効能があると言われ、「沙参（ササム）」とも呼ばれた。いきなり水を大量に飲んでお腹が痛くなったときなどは薬がないというが、そんなときにツルニンジンが効くと言われる。見た目は高麗人参やキキョウの根に似ているが、味は全く違う。ツルニンジンは香りが良くてやわらかいため、キキョウの根よりも高級食材とされる。若菜は和え物にしたり、具材を包んで食べたりし、根はコチュジャンに漬けたり、和え物、煮付け、焼き物、串焼きなどのおかず類はもちろん、ハチミツや水飴で煮付けたデザートや酒の材料にも使われる。

中でもご飯のおかずとして手軽に食べられるのがトドックイ。コチュジャンソースを塗ったツルニンジンをフライパンや七輪で焼くと、ねっとりとしながらもシャキシャキした食感が食欲をそそる。

ツルニンジンの皮のむき方

天然のツルニンジンは外側をたわしできれいに磨き、熱湯で4～5秒さっとゆがいてから包丁などを使って皮をむくと、粘り気を出すサポニンの成分がツルニンジンの内側に浸みこむため簡単にむける。皮をむいた後は、洗わずに包丁の背や棒などで叩いて柔らかくし、好みに合わせて焼いたりコチュジャン煮にして食べる。

待った分だけおいしい

パチョン

[ねぎのチヂミ]

油をひいたフライパンにネギをふんだんに敷き、小麦粉の生地をかけて焼いたパチョン（ネギのチヂミ）は、マッコリと相性抜群の料理でもある。最近ではマッコリが爆発的な人気を集めており、パチョン専門の店も増えてきた。

みんなで食べると、さらにおいしいパチョン

ビタミンやミネラルが多く含まれたネギ、タンパク質とカルシウム豊富な魚介類を使ったパチョンは、それだけでも栄養バランスの取れた一品料理。新鮮な魚介類にネギを加え、小麦粉の生地をかけて焼けば、サクッとした歯ごたえと香ばしさが絶品だ。そんなパチョンは大勢で食べたほうがおいしく、場も盛り上がる。焼きあがってテーブルに運ばれるや否や、パチョンに飛びつく人たち。アツアツのパチョンを口の中に頬張ると、いつの間にかお皿は空っぽに。次の一枚を首を長くして待ちわびるのも、パチョンならではの魅力かもしれない。

雨の日に食べたくなるパチョン

パチョンを焼くときの油のはじける音は、雨が地面や窓を叩く音に似ていることから、雨が降るとチヂミ料理を思い浮かべるという話がある。

実際に音響工学研究所で実験したところ、チヂミの焼ける音と雨音は振幅と周波数がほぼ一致したというから、まったく根拠のない話でもないようだ。また、雨の日には不快指数が高くなり、血糖値も下がりがちになることから、自然な反応として体が小麦粉の料理を欲っするという。

東莱パチョン

地名のつくチョン類で最も有名なのが東莱（トンネ）パチョンだ。釜山市の東莱は、セリとワケギの産地である彦陽（オニャン）、海の幸がたくさんとれる機張（キジャン）から至近距離にある温泉街だ。まず、大きな鉄板にワケギを厚めに敷いて５～６種類の魚介類をのせた後、ワケギとセリをさらに加える。油をかけながら火を通し、もち米とうるち米を混ぜた生地を加えて焼く。最後に溶き卵で色をつけるのが東莱パチョンである。その豪快なボリューム感もさることながら、味も他の追従を許さない。「パチョンといえば断然、東莱パチョン」といわれる所以である。

貧しい人々の料理

ピンデトッ

[緑豆のチヂミ]

挽いた緑豆を使ったピンデトッは、豚挽き肉、モヤシ、ワラビなどが入り、香ばしくて歯ごたえがある。油を多めにひいて弱火でじっくり焼くと、外はパリパリ、中はふんわりおいしいピンデトッに仕上がる。

不作の年、貧者たちに配られたピンデトッ

ピンデトッは「ピンジャ（貧者）トッ」とも言う。その由来については様々な説がある。昔、祭祀の供え物や宴会の料理として、油で炒めた肉料理を高く盛り上げたが、ピンデトッがその下敷きに使われた。サイズも今より一回り小さかったようだ。その後、貧しい人々がよく食べる料理になってからは、名前も「ピンジャトッ」に変わり、サイズも大きくなったと言う。また、ソウルの貞洞（チョンドン）にはトコジラミが多く「ピンデコル（トコジラミの町）」と呼ばれたが、その周辺にピンジャトッ売りが多くいたので、ピンデトッと呼ばれるようになったという説もある。朝鮮時代には不作になると両班家でピンデトッを作り、南大門の外側に集まった流浪者に「○○家が恵んでくれた」と大声で言いながら配ったと言われている。

疲れが吹っ飛ぶ栄養食

焦げ目がついて香ばしく焼けたアツアツのチヂミは、見るだけでよだれが出そうになる。

ピンデトッが貧しい人の食べ物として認識されていたことは、昔流行っていた歌謡曲の「金がなけりゃ、帰ってピンデトッでも焼いて食べたら？」という歌詞からも分かる。ピンデトッは黄海道と平安道（ピョンアンド）など、朝鮮半島の北西地方でよく食べられた。おもてなし料理としても出されることが多かったようだが、今では酒の肴として人気がある。

主材料の緑豆は、鉄分とカロチンが多く含まれた栄養食品。解毒作用もあって、心身の疲れがたまったときにピンデトッを食べれば、栄養も取れて食欲も戻ってくる。

ピンデトッはネギ、ニンニク、ごま塩などを加えた醤油ダレにつけて食べるとよりおいしい。

酸っぱくなったキムチだからこそおいしい

キムチチョン

[キムチのチヂミ]

小麦粉の生地に刻んだキムチを入れて焼くだけで、おいしいキムチチョンが出来上がる。これに豚の挽き肉やイカなど、キムチと合う食材を1～2種類混ぜれば、もっと贅沢なキムチチョンを楽しめる。

箸や手でちぎって食べてこその味

チョンを食べる楽しさは、焼きたてを食べられることにある。どの料理もそうだが、チョンもみんなで一緒に食べたほうがおいしい。雨の日に味わう素朴なキムチチョンは、アツアツの湯気が立っているうちに、みんなが奪い合うように箸や手でちぎって食べるのが通。

キムチチョンの深い味わいを出すためには、刻んだキムチに味付けしておくこと。生地にも水ではなく出し汁を使うとさらに深い味が出る。韓流スターのペ・ヨンジュンのフォトエッセー『韓国の美をたどる旅』にキムチチョンが紹介されてからは、海外、特に日本で人気を集めており、各種メディアで何度も取り上げられた。

雨が降る日はキムチチョンがいっそう恋しくなる。カリカリ、モチモチした食感のキムチチョンは、生地によく漬かったキムチと一緒にキムチの汁を加えて味付けすることもある。

賑やかに分け合って食べる幸せ

モドゥムチョン

[チヂミの盛り合わせ]

肉で作ったチェユッチョン、カンチョン、ソゴギチョン、魚で作ったプゴチョン、テグチョン、トミチョン、ミノチョン、貝類で作ったテハッチョン、クルチョン、野菜で作ったエホバッチョン、プッコチュチョン、トゥルプチョン、ポソッチョン、パチョン、さらには花を使った春のチンダルレファチョン、秋のクックァチョンなど、チョンの種類は実に多彩だ。

淡白で深い味わいの健康食

ソルナル（陰暦１月１日）やチュソッ（陰暦8月15日）はもちろん、親族の集まるおめでたい席などでは、昔は庭に石を積み上げて火を起こし、釜の蓋をのせてチヂミを焼いた。今は釜の蓋がフライパンに変わったが、各家庭では大切なお祝いの日にチヂミを作る。ソルナルやチュソッが近づけば、テレビショッピングのチャンネルでは、一度にチヂミがたくさん作れる電気プレートが登場する。チヂミは味付けも簡単で、タレにつけなくても素材本来の味が楽しめる。焼くときに使う油で香ばしさが増し、揚げ物ほど脂っこくもない。香ばしくてあっさりした味に、腹持ちも良いチヂミは、宴会のメニューとしてももってこいだ。実際に海外の韓国料理レストランでは、チヂミ類がステーキに匹敵するメイン料理として人気が高いと言う。

韓国にこのように多様なチョンがあるのは、季節ごとにとれる食材がそれだけ豊富なためだ。どんなチョンでも、こんがり焼いたアツアツのものを香ばしい薬味ダレにつけて頬張れば、その味は格別だ。

フェ
[刺身]

フェは昔から韓国で愛されてきた料理だ。
魚を生で食べることもあれば、軽く火を通したスッフェ、
野菜と和えたフェムチムなども多い。
薄く細切りにした牛肉を味付けして和えたユッフェは、
味も栄養も抜群である。

コリコリした歯ごたえ、活魚の刺身が人気

センソンフェ

[魚の刺身]

三方が海に囲まれた韓国では、日本ほどではないものの様々な刺身料理が発達してきた。昔の料理の本には、エツ、ニベ、ナマコ、ハマグリ、カキなどを刺身にして食べたという記録がある。食材が腐敗しやすい夏場には、氷の上に刺身を盛り付けて食べていたと言われている。

鮮魚の刺身が好まれる韓国、熟成させた刺身が人気の日本

韓国ではセンソンフェ(刺身)をチョコチュジャン(唐辛子酢味噌)につけて食べることが多いが、朝鮮半島に唐辛子が伝わる前の1600年代までは、辛子醤油で食べていた。

センソンフェは白身と赤身の２種類があり、ヒラメやソイ、タイ、スズキといった白身魚が、ブリ、マグロ、サバのような赤身魚よりも肉質がしまっていて歯ごたえがあり、高級物とされる。日本では熟成させた刺身が好まれる。魚を一定時間熟成させてから食べるのだが、コリコリした歯ごたえが好まれる韓国では、活魚や鮮魚のほうが人気だ。

マッフェ、セッコシ、そしてクァメギ

「マッフェ」とは、ブツ切りの刺身をマッチャンという特製味噌につけて食べるか、刻んだ野菜とマッチャンと和えて食べる料理。海辺の街で育った人の中には、きれいにさばいた刺身より、マッフェが口に合うという人が多い。釣った魚をその場で下ろして食べていた新鮮な味が忘れられないのだろう。小ぶりの魚を骨ごと切って食べる「セッコシ」も韓国人に愛されているメニューだ。「クァメギ」には、昔はニシンが使われたが最近はあまり捕れなくなったため、代わりにサンマを使う。サンマを潮風で半乾燥させたクァメギにワケギと茹でたワカメをのせて、チョコチュジャン(唐辛子酢味噌)で食べる。やや生臭いものの、磯の香りが口の中に広がり、独特の味わいが楽しめる。

噛むまでもなく口の中でとろける食感

ユッフェ

[ユッケ]

千切りにした牛肉の赤身を味付けしたユッフェは、中国や日本にはない、韓国でしか見られない料理だ。脂身のない赤身を細切りにして、醤油、ニンニクのみじん切り、すりゴマ、砂糖で和えたユッフェは、千切りの梨と一緒に頬張ると、ほんのりと甘味が加わり食欲をそそる。

肉の味にこだわる美食家の一押しメニュー

韓国では昔からユッフェを色々な形で食べてきた。千切りにした牛肉の和え物のほかに、牛の内臓を使ったカッフェ、腎臓や肝臓（レバ刺し）、センマイのユッフェまである。

トンチフェ（凍雉膾）は、冬のキジ肉をユッフェにしたもので、内蔵を取り除いたキジを雪や氷の上で凍らせてから硬くなった身を切って、酢醤油やショウガ、ネギと一緒に食べていたと言う。

赤身だけを使った淡白なユッフェ

生肉を食べることに抵抗がある人でも、一度ユッフェを味わってみると、病みつきになるはずだ。口当たりが硬そうなイメージはたちまち消え、肉がこれほどまでに甘くてやわらかいのかと驚くだろう。火を通すと肉のタンパク質が固まって硬くなるが、脂身の少ない赤身のユッフェは、淡白で香ばしく、噛むまでもなく口の中でとろけてしまう。

新鮮な生肉の味

最近は味付けをせず、肉を生のままで食べる「センゴギ」が流行っている。牛肉の赤身を一口大に切って、塩入りのごま油やチョコチュジャンで食べる。もともとは畜産農家の多い全羅道の郷土料理だったが、肉の香ばしさと淡白な味わいが楽しめるため全国的に人気を集めている。

鼻につんと来る、涙のにじむ珍味

ホンオフェ

[えいの刺身]

ホンオフェは、発酵させたエイをチョコチュジャンなどのタレにつけて食べたり、ムグンジ（熟成キムチ）で包んで食べる料理。千切りにしてセリと一緒にチョコチュジャンで和えたりもする。全羅道では、宴席にエイ料理がなければ、どんなご馳走があっても「食べるものがない」と言われるほどだ。

慣れると病みつきになる強烈な味

ホンオフェを初めて見る人は、口に入れる前にその強烈な匂いのせいで近づくことさえできない。しかし、一度食べ慣れてしまえば病みつきになるほど、その魅力は致命的とも言えよう。大のホンオフェ好きの間では、おいしい部位にこだわる人までいる。それでは、エイのどの部位が一番おいしいのだろうか。

美食家の間では、断然ヌルヌルしてツルッとした鼻が一番とされる。「エイの鼻を食べずしてエイを語ることなかれ」と言われているほどだ。エイの鼻を粉唐辛子入りの塩につけて食べると、強烈な風味が口から鼻へツンと抜けて、おもわず涙がにじんでくる。その次においしいのが背びれと尾びれで、コリコリした食感が絶品だ。

ホンオフェはアンモニア臭が強いほどおいしい

エイは全羅南道の黒山島産が最上級とされるが、発酵させたエイは木浦(モッポ)や羅州(ナジュ)が有名だ。

黒山島では発酵させたものよりも、新鮮なエイの刺身が多く食べられている。エイをおいしく発酵させるのは非常に難しく、昔はエイを麻布や稲わらに包んでトゥオムジャリ*に置いていた。堆肥の発酵熱でエイの発酵を進ませたのである。

発酵させたホンオフェの匂いは、腐敗臭ではなく、発酵過程で発生したアンモニア臭。エイの皮は、茹でたものを甘酸っぱく味付けして食べる。身は食べやすい大きさに切って、豚肉と3年間発酵させたキムチと一緒に食べ、これを「サムハプ(三合)」という。ホンオフェを食べ慣れた人は、チョコチュジャンや辛子醤油、唐辛子入りの塩につけて食べる。また、ホンオフェに合うお酒といえば断然マッコリ。ホンオフェの辛味と強烈な匂いを和らげてくれるからだ。

ホンオフェにセリをふんだんに入れた和え物ホンオフェムチムは、マッコリ酢に漬けたホンオフェをよく絞ってから使う。そうすると、さらにコリコリした食感が味わえる。

* トゥオムジャリ:草や稲わら、家畜のふんを腐敗させた堆肥を積み置きした場所。

キムチ、チャンアチ、チョッカル

[キムチ, 漬物, 塩辛]

韓国料理の最大の特徴として挙げられるのが「発酵」という調理法だ。
キムチは、野菜を塩漬けにして水分を取り除き、
様々な野菜やチョッカル（塩辛）をまぶして熟成させた韓国固有の料理。
キムチは体に良いビタミン、ミネラル、食物繊維、
乳酸菌が豊富な健康食品として知られている。チャンアチとチョッカルも、
材料や作り方によって千差万別の味が楽しめる独特な発酵食品だ。

毎日食べても飽きない味

ペチュキムチ

[白菜キムチ]

塩漬けにした白菜の間に、細切りにした大根、粉唐辛子、にんにくのみじん切り、ねぎ、塩辛などを混ぜた薬味をまぶして漬けたキムチ。キムチは韓国にとって食卓に欠かせない一品であり、外国人にとっては「韓食」と言えば一番に思い浮かぶ最も代表的で身近な韓国料理だ。

1500年以上の歴史を持つ伝統的な食べ物

キムチは、野菜に様々な香辛料を加えて熟成させた発酵食品。その種類は300以上になる。
三国時代以前から食べられていたキムチだが、もともとは単純な作り方だった。野菜をよく洗って塩漬けにし、瓶に入れて熟成させたのがキムチの始まりだ。
季節によっては野菜が貴重だった時代、キムチは重要なビタミン供給源だった。

チゲ、ポックムパッ、チョンにも大活躍

寒い北の地方で食べられるキムチは薄味で汁気が多く、粉唐辛子も少量しか入れないため淡白な味わいだ。また形も大きめで、薬味にもアミや貝の塩辛を使うことが多い。一方、暖かい南の地方では保存性を高めるために塩、塩辛、粉唐辛子をふんだんに使うため、塩辛く汁気も少ない。
キムチは主に野菜を使った低カロリー食品で、食物繊維やビタミンＡ・Ｂ・Ｃなども豊富に含まれている。さらに魚を塩漬けにして発酵させた塩辛を入れ、米中心の食生活に不足しがちなアミノ酸を供給することで、栄養のバランスを保ってくれる。10日ほど熟成させたペチュ（白菜）キムチは、シャキシャキした食感とあっさりした旨みが食欲をそそる。
ペチュキムチはそのまま食べてもおいしいが、様々な料理の材料としても利用される。熟成して酸味の効いたキムチに豚肉や煮干しを加えて煮たキムチチゲや、１年以上寝かせたムグンジとたっぷりの豚肉を一緒に蒸したムグンジチムは、韓国人の誰もが好きな料理。酸味の効いたキムチのスープにご飯や麺を入れて食べたり、ご飯と炒めてキムチポックムパッなどにして食べる。

即席で和えるコッチョリ
様々な薬味を入れて、合えたての味を楽しむコッチョリは、さっぱりしたサラダのようなキムチだ。10日ほど寝かせて食べるペチュキムチの熟した味に慣れない外国人にも、意外と人気の高い一品。

端正な趣と清々しい味

ペッキムチ

[白キムチ]

ペッ（白）キムチは、粉唐辛子を使わずに漬ける。1900年代までソウル・京畿地方のトンペチュキムチ（白菜を丸ごと使ったキムチ）とペッキムチは同じ漬け方だった。ペッキムチのさっぱりした味わいを生かすためには、調味料にアミの塩辛けの汁を数度ざるで濾したものだけを使うと良い。

辛くないため老若男女に好まれるペッキムチ

キムチの原型はペッキムチにある。壬辰倭乱（文禄・慶長の役）の後、粉唐辛子が入ってきて辛いキムチを食べるようになったものの、ペッキムチがなくなることはなかった。むしろ梨、松の実、ナツメ、栗、カキなどのぜいたくな食材を加えて、品格あるキムチへと発展した。ペッキムチの特徴は、粉唐辛子が入ったキムチに比べて熟成が早く、酸味が出るのも早いこと。ペッキムチはキムチの爽やかさは残っているのに辛くないため、お年寄りや子供、刺激のある食べ物は避けたい病人でも安心して食べられる。刺激的な味が苦手な外国人も好んで食べるのが、このペッキムチだ。

白菜の効能

白菜はセルロースが豊富な野菜。また、カルシウムやビタミンCも多量に含まれている。白菜のセルロースには腸の働きを促す作用があり、排便を助ける。

さっぱりした後味の爽やかな水キムチ

ナバッキムチ

[大根と白菜の水キムチ]

ナバッキムチは、白菜とダイコンを主材料とした水気の多いキムチ。主に春に食べられるが、一年中いつでもさっぱりした味が楽しめる。祭祀や元日にトックッを食べる時にも添えられる。新鮮さが命のナバッキムチは、裕福な家庭では1日おきに漬けられたと言われている。

餅にはナバッキムチ

ナバッキムチという名前には「ナバッナバッ(四角い薄切りに)」切って漬けたキムチという意味もあるが、ダイコンを指す昔の言葉が「ナボッ(羅蔔)」であったことから、ダイコンを入れて漬けたキムチという意味も持つ。ナバッキムチは食事の時ばかりでなく、おやつ、特に餅やマンドゥ(餃子)、ヤクパッ(韓国風おこわ)、茶菓子などを食べる時には必ず添えられるキムチだ。漬け汁はさっぱりとした酸味があり、食欲をかきたてるだけでなく、消化酵素を豊富に含むダイコンが胃に優しい。冷たいスープ麺や冷麺などに汁を利用することもあるが、特に餅と一緒に食べると喉越しを良くしてくれる。

ちなみに韓国には「相手は餅をくれる気もないのに、キムチ汁から飲む」という諺があるが、その「キムチ汁」はナバッキムチを指している。

ナバッキムチとトンチミの違い

トンチミ、ナバッキムチはともにダイコンを使ったキムチだ。トンチミはダイコンさえあれば作れ、長期にわたって食べる貯蔵用キムチ。一方、ナバッキムチはダイコン、ネギ、リンゴ、梨などを加えたやや甘みのあるキムチだ。作ったら早めに食べるという点でも異なる。また、ナバッキムチは汁に粉唐辛子を加えてぴりっと爽やかな味を出す。

トンチミ

主に冬場に漬けて食べられるキムチ。すっきりした爽やかな口当たりの汁は、クッスや冷麺のスープにも使われる。また、お餅や蒸したサツマイモを食べる時にも添えられる。

ソルロンタンやコムタンの味を引き立てる

カットゥギ

[角切り大根キムチ]

カットゥギは、サイコロ型に切ったダイコンを塩漬けにして水気を切り、粉唐辛子、アミの塩辛、セリ、ワケギ、みじん切りにしたニンニクとネギなどを混ぜ合わせたキムチ。ソルロンタンが世界で注目を浴び始めると、カットゥギも一躍世界中でもてはやされる人気メニューとなった。

スクカットゥギとチョンカットゥギ

クッパッ（汁飯）は、適度に熟したカットゥギを汁ごと入れて混ぜるのが本場の食べ方だ。特にコムタンやソルロンタンなどの肉のスープによく合う。酸味の効いたキムチの汁が、スープのしつこさを和らげてくれるためだ。昔の人は、同じキムチでも、食べる人に合わせて漬け方を工夫した。カットゥギも同様だ。歯や歯茎が悪かったり消化機能が低下しているお年寄りのためには、ダイコンをさっと湯がいてやわらかくし、アミの塩辛をみじん切りにして加えたスク（熟）カットゥギを漬けた。妊婦は心身ともに健康な子が生まれることを願って、ダイコンをきれいな正方形に切って漬けたチョンカットゥギを食べた。

大根には糖類、アミノ酸、ミネラル、アミラーゼなどが含まれ、ビタミンCの含有量はリンゴの7倍にもなる。辛味の強い細切り大根や汁には、癌を予防する成分や胃の機能を強化する成分が豊富に含まれる。

浅漬けがちょうど食べごろ

オイソバギ

[きゅうりキムチ]

オイソバギは、十字に切り込みを入れたキュウリを塩漬けにし、ニラ、みじん切りにしたニンニク、粉唐辛子などの具を混ぜて挟んだキムチ。昔は暑さで食欲のない夏によく食べられたが、年中キュウリが出回る現在は季節を問わず食べられる。

熱を冷まし、食欲をかきたてるキムチ

キュウリは水分が多く、熱を冷ます効果がある。オイソバギの副材料に使われるニラは温かい性質を持っているため、キュウリと相性の良い野菜だ。オイソバギの他に、昔の人がよく漬けたキムチにオイジがある。オイジは、瓶にキュウリを入れて塩をまぶし、煮立てた濃い塩水を熱いうちにかけて漬けおく。さっぱりした味わいが特徴で、夏に食べたいおかずだ。ぎゅっと絞って薄切りにし、粉唐辛子、みじん切りにしたネギ、ニンニク、ごま油を加えて和えると、シャキシャキした歯ごたえがたまらない一品になる。

暑い日が続くとさっぱりしたものが食べたくなる。そんな時、さっぱりとしてシャキシャキ歯ごたえのあるキュウリは、誰もが喜ぶ野菜だ。中でも登山の際には、喉を潤し空腹まで満たしてくれるため、登山客には嬉しい野菜だ。

ニラの効能

オイソバギの副材料であるニラは、風邪を予防し、香り成分の硫化アリルが消化を助け、腸を丈夫にするとともに強壮効果もある。

塩辛いのに後味は爽やか

チャンアチ

[漬物]

チャンアチは野菜を塩や醤油に漬けて長い間熟成させた、保存食品の真髄と言える食べ物。季節の野菜をテンジャンやカンジャン、マッチャン（豆麹に炒めた豆粉、塩、粉唐辛子などを加えて寝かせた味噌）、コチュジャンに長期間漬けて発酵させる。

食欲がない時は王様も食していたチャンアチ

何ヵ月もジャンの中で味をしみ込ませたチャンアチは、取り出してそのまま食べても良いが、普通はごま油やその他の薬味で和えて食べる。もともと塩辛い味付けのため、食欲のない時もチャンアチがいくつかあれば自然と食が進む。昔はチャンアチと言えば、宮中でも高級で貴重な食べ物だった。山海の珍味に困らない王といえども、しばしば食欲のない時にはチャンアチを食べて食欲を取り戻した。

日常の食卓を飾る素朴なおかず

チャンアチは野菜の種類によって、漬床の材料を変える。マヌル（ニンニク）チャンアチは、やわらかい新ニンニクを酢水に漬けて辛みをとってから、醤油と砂糖を加えて再度漬ける。醤油の代わりに塩を使うと、白い漬け上がりのマヌルチャンアチになる。二つに切ると花のように美しい断面が現れ、丸ごと食べればシャキシャキした食感が絶品だ。

唐辛子の葉やナス、ゴマの葉のチャンアチも同じ方法で漬ける。ニンニクの茎やキュウリはコチュジャンで漬けるとおいしい。テンジャンやコチュジャンに漬け込む時は、しなびるまで乾かした野菜を使う。食べる時はコチュジャンを拭い落として洗い、砂糖とごま油で和える。

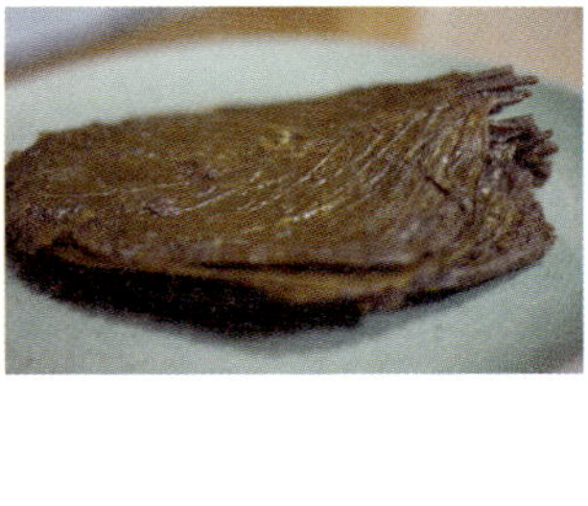

秋にゴマの葉をテンジャンに漬け込み、早春に取り出して食べるテンジャンケンニッチャンアチは、はっと目が覚めるほどの珍味だ。

塩辛い“ご飯泥棒”

チョッカル

[塩辛]

チョッカル（塩辛）は魚介類を塩漬けにして発酵させた、独特な旨みのある韓国特有の保存食品。テンジャン、カンジャン、コチュジャン、キムチと共に韓国の5大発酵食品に数えられる。チョッカルはそのままおかずとして食べたり、料理の調味料やキムチの材料にも使われる。

種類や使い方も豊富なチョッカル文化

セウジョッ（アミの塩辛）、ミョルチジョッ（イワシの塩辛）、オリグルジョッ（カキの塩辛）などは日常的によく見られる。季節ごとによく捕れる魚介類で漬けたチョッカルは、数十種類にも及ぶ。農業が中心の地域で豆を発酵させたジャン（醤）類が発達したように、水産物が中心の地域では昔から魚介類の身や内臓を塩漬けにして発酵させたチョッカルが発達した。インド、ベトナム、タイなど海産物が豊富で比較的暑い地域でもチョッカルが作られる。イタリア料理に度々登場するアンチョビも、魚を発酵させた食べ物だ。

だが種類や使い方の多様性で言えば、韓国のチョッカル文化ほど発達したものはない。塩辛いチョッカルが１種類あれば、あっという間にご飯がなくなる。そのため、韓国ではチョッカルを“ご飯泥棒”と呼ぶようになった。

地方や季節によって味も変わるチョッカル

地方の特産物においても、チョッカルが占める割合は大きい。捕れる水産物の種類が地域ごとに異なり、好まれるチョッカルの種類にも少しずつ差があるためだ。中でもスケトウダラの卵を漬けたミョンナンジョッ（辛子明太子）や、内臓を使ったチャンナンジョッをはじめ、イカを使ったオジンオジョッ、貝を使ったチョゲジョッなどはおかずとして人気が高い。

アミを使ったセウジョッ、イワシを使ったミョルチジョッ、イシモチを使ったチョギジョッ、キグチを使ったファンソゴジョッなどは主にキムチを漬ける材料になる。チョッカルは塩に漬けるだけなので一見簡単に作れそうだが、魚介類の種類や部位を分類してそれぞれチョッカルを漬けるため、作り方や保存方法も意外にややこしい。最適の温度と湿度で保存できる場所を探すのもそのためだ。韓国人の舌がどれほど発達しているかが分かるだろう。

黄金色の卵とミソがぎゅっと詰まった

カンジャンケジャン

[かにの醤油漬け]

ケジャンは、カニに煮詰めた醤油をかけて熟成させた保存食品で「ケチョッ」とも呼ばれる。ケジャンは、1600年代以前から食べられていた伝統的な食べ物だ。5～6月の卵を持つカニで漬けたものが美味。保存状態さえ良ければ、一年中卵付きのケジャンが食べられる。

ご飯のおかわりは当り前

ケジャンを漬けるときは、生きたカニを使う。たわしで殻をこすって洗い、うつむけに置いて水気を取ってから容器に入れ、醤油をかける。ニンニクと唐辛子を丸ごと入れると辛みが効く。３日後、醤油を取り出して煮立て、冷ましてから再び容器に注ぐ。これを３～４回繰り返してから保管して食べる。

『閨閤叢書*（キュハプチョンソ）』という古い文献には、瓶に牛肉と生きたカニを入れて一晩待ち、カニが牛肉を食べ尽くしたら醤油を入れてケジャンを漬けたという記述がある。こうして牛肉を食べさせたカニを使うと、よりおいしいケジャンになったと言う。

甲羅でご飯を混ぜて食べる醍醐味

カンジャンケジャンで有名な店には、独自の製法で寝かせた秘伝の醤油ダレがある。歴史の長い店では、20年以上も同じタレに薬味を継ぎ足したものを使っている。

ケジャン好きの人が必ず食べる部位がある。他でもない甲羅だ。もちろん甲羅を食べるのではなく、甲羅の内側にご飯を入れ、混ぜて食べるのだ。

甲羅の内側には、カニの風味がしみ出した醤油ダレが溜まっている。そこへご飯を入れて混ぜれば、内側のやわらかいミソと一緒になって、えもいわれぬおいしさになる。

＊『閨閤叢書』：1809年に憑虚閣李氏（ピンホガク・リシ）が編纂した生活経済百科事典で、衣食住に関する事柄を整理し体系化したもの。

ケアルピビムパッ

カンジャンケジャン専門店の人気メニューに、ケアル（カニミソ）ピビムパッがある。カンジャンケジャンは食べたいけれど、硬い殻をいちいちむいて食べるのは面倒だという人のためのメニューだ。卵の黄身と刻み海苔を加えて混ぜれば、食欲をそそるごま油の香りがプンと漂う。常連客は、カンジャンケジャンよりこのケアルピビムパッに目がないという。

トッ、ウムニョ、チャ
[餅, 飲み物・茶]

トッ（餅）はある時はご飯代わりに、
ある時は小腹が空いた時のおやつとして食べられる。
祝い事や祭祀にも欠かせない食べ物だ。
韓国のお茶と飲み物は単に味が良いだけでなく、体に良いのが特徴だ。
甘味、酸味、苦味、渋味、辛味はどれも元気を出してくれるため、
その味を生かせるよう材料を使う。

キョンダン
(韓国式団子)

クルトッ
(蜂蜜もち)

ヤッシッ
(韓国式おこわ)

ファジョン
(花びらの焼きもち)

真心と腕が作り出す

トッ

[餅]

韓国には「ご飯の代わりに餅」という諺がある。何もかも後回しにするほどおいしいという意味だ。昔の人は「ご飯と餅は別腹」と言った。餅は祝日や祝い事のある日に欠かせない食べ物。また、昔は二十四節気ごとに季節の材料を用いて、様々な餅を食べていた。

一口サイズのコロコロ団子、キョンダン

もち米を熱湯でこねて栗ほどの大きさに丸め、熱湯で茹でる。それに様々な粉をまぶしたものがキョンダン（瓊團）だ。その形もかわいらしいが、表面にまぶしたコムル（まぶし粉）のために時間が経っても硬くならない。ペギル（出産100日目のお祝い）やトル（１歳のお祝い）、子供の誕生日の食卓に上るチャルスス（高きび）キョンダンには、小豆をつぶしたパッコムルをまぶす。これには小豆の赤色が悪鬼を追い払うという意味が込められている。

一度食べたら止まらない、クルトッ

韓国語で切実に望むことを「クルトゥッ（煙突）のよう」と言う。だがこの「クルトゥッ」は、他でもない「クルトッ（蜂蜜餅）」から来ているという。「クルトッ」は慶尚南道の方言で「餅が喉をごクッと通り過ぎること」を表す擬声語。昔まだ食べ物が貴重だった頃、蜂蜜を入れたクルトッは、夢にまで見た食べ物だった。そこで、心から望んでいる状態を「クルトッのよう」と言うようになったとか。

体に良い材料が盛りだくさん、ヤッシッ

ヤッシッ（薬食）は陰暦１月15日の小正月に食べる節気の食べ物。ヤッシッは、蜂蜜が入っていることから付けられた名前だ。蜂蜜を入れて炒めたヤッコチュジャン（薬コチュジャン）や、小麦粉に蜂蜜を混ぜて揚げたヤックァ（薬菓）も同じ理由から「薬」の字が付いている。ヤッシッは原料のもち米に健康に良い栗、ナツメ、松の実、蜂蜜などを加えて作ったもので、薬になる食べ物という意味も含まれている。

花びらで飾り付け、ファチョン

もち米を熱湯でこねて小分けにして丸め、花びらをのせて油で焼いた餅がファチョン（花煎）だ。春はツツジをのせたチンダルレファチョン、夏はバラをのせたチャンミファチョン、秋は菊をのせたクックァファチョンを食べた。朝鮮王朝時代、宮中では陰暦３月３日の桃の節句に王妃をピウォン（秘苑：昌徳宮の北にある、王がよく散歩した韓国最大の庭園）に案内し、オンニュチョン（玉流川：秘苑の北部にある人口の泉）でもち米をこね、ツツジの花をのせて焼いたファチョンを食べて楽しんだという。

カンジョン(韓国式おこし)

タシッ(韓国式らくがん)

ヤックァ(揚げ菓子)

甘くて彩り豊かな

ハングァ

[韓菓]

ハングァ（韓菓）の歴史は、祭礼文化と関りが深い。果物がとれない季節に、穀粉と蜂蜜で果物を形作り、これに果物の木の枝を挿して代わりに膳に供えたためだ。

朝鮮王朝時代、宮中で祝い事がある時は膳にヤックァやタシッ、カンジョンなどを高く積むようにして盛った。およそ24種類のハングァが、約55センチの高さに積み上げられたと言われている。

サクサクした歯ごたえ、カンジョン

カンジョンの作り方は手が込んでいる。細かく挽いたもち米を酒と蜂蜜でこねて蒸し、さらに蜂蜜を少量混ぜ込んで縦３センチ、横0.5センチ、厚さ0.5センチに切って乾燥させる。それを一晩酒に浸けた後、適度に乾かして油で揚げ、最後に水飴に浸して豆やゴマをまぶして乾かす。

「中が空っぽのカンジョン」という諺もあるように、カンジョンは中が空洞になるよう膨らませながら揚げるとおいしい。

口の中でさっと溶ける、タシッ

米や栗、豆などの穀物を細かく挽き、蜂蜜や水飴でこねて専用の型に入れて固めると、文字、幾何学模様、花などが表面に刻まれた美しいタシッ（茶食）が出来上がる。タシッは朝鮮王朝時代の祭礼や婚礼、祝日の膳に欠かせないお菓子だった。口に入れて舌をゆっくり動かすと、とろけるような甘みが口いっぱいに広がる。タシッはお茶の味を引き立てるため、お茶菓子やデザートとしてもよく食べられた。

子供に大人気のおやつ、ヤックァ

ヤックァ（薬果）は、小麦粉を蜂蜜とごま油でこねて専用の型で抜き、油で焼くか揚げた後、水飴や蜂蜜に浸けて固める。甘くて香ばしい味わいが絶品のお菓子だ。ヤックァの歴史は長く、統一新羅時代（676～935）、仏教の供え物に使われたのが始まりだ。甘くてやわらかい口当たりのヤックァは、今も祭祀が終わると子供たちが真っ先に手を伸ばす大人気のおやつだ。

やさしくてほのかな香り

チャ

[茶]

緑茶は、三国時代から現在まで絶えず飲み続けられてきた。中国から入ってきた茶文化は韓国で花開き、さらに日本へ伝わった。梅やユズなどの果実を砂糖漬けにして寝かせ、それをお湯でといて飲む果実茶も昔から飲まれてきた。

米タイム誌が世界10大健康食品に選んだ緑茶

韓国の茶文化の由来については様々な説がある。三国時代、唐からお茶の種が持ち込まれ、智異山（チリサン）一帯に植えられたことに始まるという説と、伽耶*の国の金首露（キム・スロ）王がインドのアユタ国の姫を王妃に迎えた際に一緒に伝わったというという説、南部に野生のお茶が自生していたという説などだ。

お茶は発酵の度合いによって緑茶、烏龍茶、紅茶に分けられる。緑茶は摘んだお茶の葉を加熱したもの、烏龍茶は半発酵茶、紅茶は完全に発酵させたお茶だ。最もよく飲まれるのは、やはり緑茶だ。

中でもウジョンチャ（雨前茶）は穀雨（４月21日頃）前のお茶の葉を炒って作ったもので、最初に摘んだお茶の葉を使うことからチョンムルチャ（初水茶）とも呼ばれる。若芽を使うためすっきりとした深い味わいがある。ただ製法が複雑な上、少量しか生産されないため、値段も高く最高級茶とされている。

甘酸っぱさが広がる、メシルチャ

メシルは梅の木の実。春の初めに白い花を咲かせ、風が吹くと雪のように舞う美しい梅だが、春もたけなわになると青みがかった実が鈴なりに実る。市場で青い梅が見られる期間は短い。メシルチャ（梅茶）は優れた整腸作用で下痢や便秘を治し、殺菌解毒作用で食中毒を予防する。５月末から６月中旬に青い梅を同量の砂糖と混ぜて、２ヵ月ほど涼しい場所に置く。出来た液体を濾せば、甘酸っぱくてほのかな香りが漂う梅エキスの完成だ。この発酵液を約５倍の水で薄めれば梅ジュースに、熱いお湯でとけばメシルチャになる。

疲れた日に飲みたい、ユジャチャ

酸味の強いユズ（ユジャ）は、昔から関節炎や神経痛を治療したり消化を助けることが知られていた。

ユジャチャは薄切りにしたユズを熱湯に入れて煮出して飲んだり、皮を煎じて飲むこともあるが、ユジャチョン（ユズ清）を使ったお茶にすることが最も多い。ユジャチョンは、メシルチャのように同量の砂糖を加えて熟成させて作る。ユズにはビタミンＣがオレンジの1.5倍、ミカンの２倍以上含まれる。二日酔いの解消や風邪の予防にも効果的で、冬場によく飲まれる。

＊伽耶：西暦42年に金首露王が建てた国。

不老長寿の妙薬、インサムチャ

不老長寿を夢見た秦の始皇帝は、東に出向いて不老草を探してくるようにと、男女500組の子供を東の海に送り出したと言われる。その時に見つけ出した不老草が、韓国のインサム(高麗人参)だ。

この高麗人参を一番食べやすい形にしたのがインサムチャ(高麗人参茶)だ。最も韓国的なお茶として海外にもよく知られている。高麗人参は昔から万病に効く薬として用いられていた。多くは煎じてお茶にして飲まれたが、センサム(生参)とも呼ばれるスサム(水参)、ホンサム*(紅参)、コンサム(乾参)は全てお茶にして飲むことができる。ナツメを数個加えて煮れば香りがぐっと高まる。

＊ホンサム：スサムを蒸して乾燥させた紅い高麗人参。1000年前から作られ始めたとされている。

スジョングァ
(しょうがとシナモンの飲み物)

シッケ
(甘酒)

天然の食材で味と香りと健康を思いやる

ウムニョ

[飲み物]

韓国を代表する伝統的な飲み物といえば、スジョングァとシッケだ。体に良い漢方の材料や穀物を用いて味と香りを生かし、体に活力を与えることを前提としたもので、特にデザートとしてよく飲まれる。ファチェも果物を使った代表的な飲み物。オミジャファチェは特に冬場に飲まれた。蜂蜜で味付けしたシロップに薄く切った果物を浮かべたファチェは、四季を通して人々に愛された。

甘くてスパイシー、スジョングァ

スジョングァ（水正果）は、シナモンやショウガを煮出して砂糖や蜂蜜を加え、干し柿や松の実などを入れた飲み物。

ショウガとシナモンはどちらも漢方の材料として有名だが、煮るとツンとしたかぐわしい香りが漂う。シナモンの刺激的な香りがプラスされた甘い飲み物で、ふやかした干し柿や松の実を口に含んだ瞬間、なんとも言い表せないおいしさが広がる。昔は薄氷の張ったスジョングァを一家団らんで飲むのが冬の醍醐味だった。

ご飯粒がプカプカ浮かぶ、シッケ

シッケ（食醯）はご飯を麦芽で発酵させた甘酒で、デザートとしてよく飲まれる。ご飯の粒が浮かんだものをシッケ、ご飯粒を濾したものをカムジュ（甘酒）と呼ぶ。

シッケには、必ず麦を発芽させた麦芽を使う。麦芽には糖化酵素のアミラーゼがふんだんに含まれているためだ。元日などの祝日で脂っこい料理をたくさん食べる時には、昔から必ずデザートにシッケを飲んだ。消化剤が貴重だった時代、食べ過ぎた時は消化剤の代わりにシッケを飲んだというわけだ。

紅色が美しい清涼飲料、オミジャファチェ

鮮やかな紅色のオミジャ（五味子）には、不思議なことに甘味、酸味、苦味、塩味、辛味が全て含まれている。オミジャと呼ばれる所以だ。よく乾かしたオミジャを水に漬けておくと、鮮やかな紅色がにじみ出てくる。ここに甘い果物を刻んで浮かべれば、オミジャファチェ（花菜）の出来上がりだ。

乳酸菌と食物繊維がたっぷり入った

マッコリ

[韓国の樽酒]

マッコリはもち米、うるち米、麦、小麦などの穀物を蒸し、麹と水を混ぜて発酵させた韓国固有のお酒だ。穀物で酒を仕込むと、上は透き通った酒、下は酒粕が沈んだ酒に分離する。この上澄みの部分が清酒になる。清酒を取らずに飲むのがマッコリで、蒸留過程を経ずに濁った状態で飲むため「適当に濾す」という意味の「マッコリ」という名前が付いた。

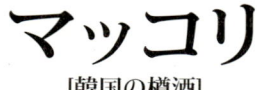

「適当に濾す」マッコリ

マッコリは濁っているためにタクジュ(濁酒)とも呼ばれ、農民がよく飲んだ酒だったことからノンジュ(農酒)、色が白いことからペクジュ(白酒)、上澄みの清酒を取らずにご飯粒がプカプカ浮かんでいることからドンドンジュやプイジュ(浮蟻酒)などと呼ばれた。醸造過程でできる清酒のアルコール度数は15度前後だが、マッコリはここに水を加えて度数を5～6度に下げている。

栄養の宝庫、マッコリ

マッコリは、アルコール成分を除けば栄養剤と変わらない。マッコリの80%は水で、残り20%はアルコール6～7%、タンパク質2%、炭水化物0.8%、脂肪0.1%、あとの10%は食物繊維やビタミンB・C、乳酸菌、酵母などからなり、「栄養の宝庫」と呼ばれるだけのことはある。

マッコリ1ミリリットルの中には、稀釈していない生マッコリの場合、数百万から1億の乳酸菌が含まれていると言う。

マッコリの食物繊維

どんぶり一杯のマッコリには、ファイバー飲料と比べて少なくとも100倍から1000倍の食物繊維が含まれている。食物繊維は便秘や心血管疾患の予防に効果がある。

マッコリカクテル

マッコリに馴染みのないない外国人にも人気のマッコリカクテル。作り方は様々だ。オミジャ(五味子)ジュースを冷凍庫で凍らせ、匙で削るかミキサーで砕いてシャーベット状にする。そこへマッコリをそっと注げば、鮮やかな紅色と甘酸っぱい味と香りが魅力のオミジャマッコリの完成。同じ方法でイチゴマッコリ、ユズマッコリなども作ることができる。

索引

ア

アグィチム 120
インサムチャ 226
ウンテグチョリム 128
オイソバギ 212
オイソン 150
オジンオトッパッ 034
オジンオポックム 138
オリクイ 182

カ

カットゥギ 210
カムジャタン 082
カルクッス 056
カルチチョリム 124
カルビタン 072
カルビチム 110
カンジャンケジャン 218
カンジョン 224
キムチチゲ 088
キムチチョン 190
キムチポックムパッ 030
キムパッ 026
キョンダン 222
クジョルパン 146
クッスチョンゴル 100
クルトッ 222
コッチャンクイ 180
コッチャンチョンゴル 098
コドゥンオチョリム 126
コムタン 074
コンナムルクッパッ 036

サ

サムギョッサルクイ 172
サムゲタン 078
サムパッ 028
シッケ 230
シンソルロ 096
スジョングァ 230
スンドゥブチゲ 092
センソンクイ 174
センソンフェ 196
セゴギピョンチェ 170
ソカルビクイ 160
ソルロンタン 076

タ

タシッ 224
タッペッスッ 114
タッメウンチム 112
タンピョンチェ 154
チャッチュッ 038
チャンアチ 214

チャッチェ 152
チャンチクッス 050
チュンチョンタッカルビ 178
チェユッポックム 140
チェンバンクッス 054
チョッカル 216
チョッパル 118
チョングッチャンチゲ 090
チョンボッチュッ 042
テジカルビクイ 164
テンジャンクッ 062
テンジャンチゲ 086
トゥッペギプルコギ 168
トゥブキムチ 132
トゥブチョリム 130
トゥブチョンゴル 102
トッカルビ 184
トックッ 162
トッポッキ 070
トドックイ 134
トトリムッ 148
トルソッパッ 020

ナ

ナッチポックム 136
ナバッキムチ 208
ナムル 144
ノッチャ 226

ハ

パチョン 186
パッ 018
ピビムクッス 052
ピビムネンミョン 048
ピビムパッ 022
ピンデトッ 188
ファチョン 222
ファンテクイ 176
プゴクッ 066
プデチゲ 094
プルコギ 166
プルコギトッパッ 032
プルナッチョンゴル 106
ペチュキムチ 204
ペッキムチ 206
ヘパリネンチェ 156
ヘムルチム 122
ポッサム 116
ホバッチュッ 040
ホンオフェ 200

マ

マッコリ 232
マンドゥ 058
マンドゥチョンゴル 104
ミヨックッ 064
ムルネンミョン 046
メウンタン 080
メシルチャ 226
モドゥムチョン 192

ヤ

ヤックァ 224
ヤッシッ 222
ユジャチャ 226
ユッケジャン 068
ユッフェ 198